天才是怎样记忆一切的

苏泽河　甘考源　著

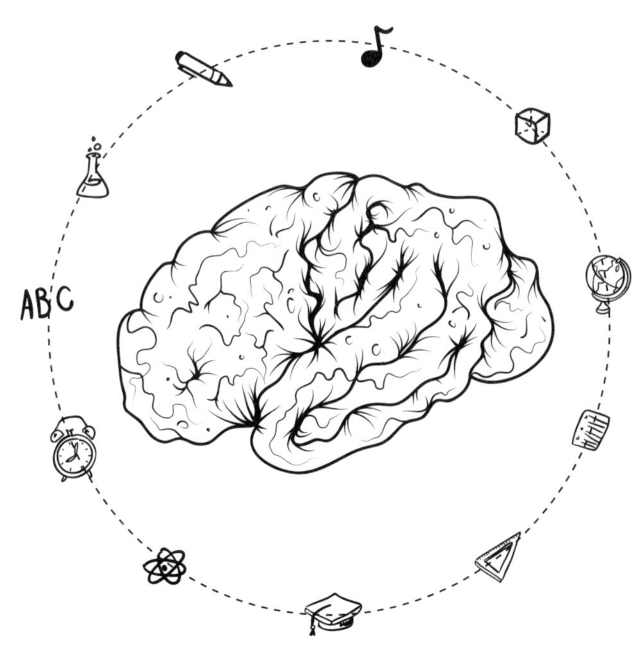

中国纺织出版社有限公司

内 容 提 要

国际特级记忆大师和最强大脑的甘考源和苏泽河，他们经常被人认为是天才，也频繁被问到天才是怎样记忆一切的。在本书中，他们不仅向读者介绍了自己的竞技记忆之路，还详细回答了读者非常关心的几个问题：好的记忆力不是天生的，每个人的记忆力经过科学的训练都可以得到显著的提高，记忆方法在工作、学习和生活中的具体运用，竞技记忆的更详细情况。如果你对记忆力这一主题感兴趣，想了解记忆大师的经历和方法，年轻的甘考源和苏泽河一定可以给到你答案和鼓励。

图书在版编目（CIP）数据

天才是怎样记忆一切的 / 苏泽河，甘考源著. —北京：中国纺织出版社有限公司，2020.8
ISBN 978-7-5180-7483-9

Ⅰ. ①天… Ⅱ. ①苏… ②甘… Ⅲ. ①记忆术—通俗读物 Ⅳ. ①B842.3-49

中国版本图书馆CIP数据核字（2020）第093570号

策划编辑：郝珊珊　　责任校对：王花妮　　责任印制：储志伟

中国纺织出版社有限公司出版发行
地址：北京市朝阳区百子湾东里A407号楼　邮政编码：100124
销售电话：010—67004422　传真：010—87155801
http：//www.c-textilep.com
中国纺织出版社天猫旗舰店
官方微博http：//weibo.com/2119887771
北京通天印刷有限责任公司印刷　各地新华书店经销
2020年8月第1版第1次印刷
开本：710×1000　1/16　印张：13.5
字数：232千字　定价：48.00元

凡购本书，如有缺页、倒页、脱页，由本社图书营销中心调换

前 言

Preface

亲爱的读者朋友们你们好，很高兴你们能够来阅读这本书，进入神奇的记忆世界。本书是由世界记忆锦标赛前十的选手、最强大脑苏泽河以及国际特级记忆大师甘考源进行编著，两位记忆大咖将在本书中为大家揭开人类记忆的奥秘。

关于人类的记忆能力，我相信很多人心中都有一个疑问，那就是："人的记忆能力难道不是天生的吗？难道还能够通过后天的方法去改变吗？"两位国际特级记忆大师很负责任地告诉大家，我们的记忆能力确实可以通过后天的方法进行改善，或者说，我们可以通过一定的方法和方式去提高记忆的效率。在读书时代，我也曾经是个被记忆困扰的学生，知识经常记了又忘、忘了又记，直到学习了记忆术之后，才为我的学习打开了一片新的天地，最终也帮助我在学习中实现了逆袭！在本书当中，两位老师不仅会教授大家快速记忆语文、英语等学科内容的记忆方法，而且还会为大家揭开神秘的世界记忆锦标赛以及那些记忆大师和专家们背后的秘密。学习完本书的内容之后，你会发现，以前你眼中非常羡慕的那些最强大脑们的"超能力"，原来是后天培养出来的！只要你认真掌握接下来的学习内容，那么你也可以成为最强大脑。除了本书中可以学习到的记忆知识，更多记忆知识可以关注微信公众号"苏是苏泽河"和"记忆小师甘考源"。接下来将会由苏泽河老师和甘考源老师带领大家一起走进神奇的记忆世界，一起去揭开最强大脑、世界记忆大师和记忆专家们背后的记忆奥秘！

目 录

Contents

第三部分　记忆宫殿修炼手册

第四部分　竞技趣味记忆技术

第一部分

国际特级记忆大师成长故事

第一章　脑力魔法师“苏神”的诞生

大家好，我是苏泽河。最强大脑不是神，我们只不过是通过了一定的训练，能够熟练运用技巧，并不是天生的。大家一起训练的时候就喜欢调侃，把成绩好的人叫作某神，例如“苏神”“甘神”等，这也算是一种对成绩的肯定吧。

第一节　误上贼船

2017年1月20号第四季最强大脑第三期播出，我在节目里挑战“最忆是江南”项目，项目规则是6分钟时间内记忆30个舞蹈演员和对应的30把油纸伞，期间演员编着同样的双辫，穿着同样的民国旗袍，根据歌曲舞蹈，并不断转动油纸伞和变换队形，最后由评委挑选出其中两个舞蹈演员，我通过观察两位的长相，从折叠的30把伞中找出对应的油纸伞，最终挑战顺利，成功晋级。节目组会给每位晋级选手取对应的称号，应该是因为我在挑战项目前变了个小玫瑰花魔术，所以给我取名叫“脑力魔法师”。

2016年4月，我在犹豫整整一个月后下定决心，瞒着家里人，只身去往武汉学习，专心训练备赛。那是一个21天的学习，我是请了假去的，原以为21天后自己就能达到记忆大师水平，然后就可以回到工作岗位继续边工作边训练等年底比赛，结果全然不是。学习结束后，我才发现一切只是刚开始，犹豫一个礼拜左右之后，我发微信向领导辞职，编辑好久的文段发出去后只收到了一个字的回复“好”，也就是在那一刻，记忆训练这条“贼船”我是不得不上了。

那会儿正值武汉下雨的季节，每天淅淅沥沥的，就好像老天也了解我的心情一样，很是配合地在那几个夜晚都下雨。过去是回不去的，一步一脚印，现在所走的每步路都算数，我那时候常常在睡觉前这样自我鼓励。

2016年4月到12月，在武汉8个月，基本都是夏季。在这个大火炉中，我们四处寻找地点，也就是用来记忆的桩子，实地拍摄，一群人拿着手机对着各种地点，也就是桌椅物品甚至垃圾桶，各种拍……。

那时租住在武汉大学旁边东湖村，我们从一开始两人同租，到后面三人挤一间，虽然每天都过得很简单，吃饭训练休息、训练吃饭睡觉，却是很让人怀念的一段时光。

或许正是我们都有了自己明确的目标，每天的生活即使再单调，我们都会感谢那段时光，不仅充实而且有追求，这也是我人生中很宝贵的一段经历。

第二节　一个破釜沉舟的兴趣

记得小时候老爸给我们变过一个魔术，是一个扑克牌推理游戏，在我印象里那也是他为我们变过的唯一一个魔术。其实我自己也不懂为什么会对魔术感兴趣，可能就是好奇心使然。而因为对魔术感兴趣，所以我去书店常流连于魔术板块，记忆类图书就放在它们旁边。有时候我被书名吸引了就拿几本书看，那会儿是日本七田真的书居多，像是“照相记忆法”“波动速读法”等，后来也买了好几本来研究过，包括多米尼克的书以及前辈张杰、王茂华老师当时出的书。

对我影响比较大的就是张杰、王茂华的书，我对记忆整幅扑克牌尤其感兴趣，我想把它作为一种魔术表演，所以努力学习着把一副打乱的扑克牌记忆下来，这应该算是我第一次的竞技启蒙吧。

真正萌发进行记忆大师集训的念头有两次，一次在我上大学的时候，偶然看到大师集训营招生，学费一万，斟酌再三跟家里说我想去北京参加一个记忆集训，结果家里人坚决反对我去，认为这个培训对我以后的职业发展并不会有什么帮助。第二次是我毕业之后在银行实习的时候，随着自己越来越多考虑到以后的发展，加上最强大脑节目的潜在影响，分析了自己的兴趣爱好，能作为职业发展的两项，魔术或者记忆，曾经也想到魔术馆做个魔术师。仍然遭到家里的反对，原因是怕魔术师不赚钱。但即便这样，我也没有放弃把兴趣做成职业的念头。于是，当我看到武汉大师班招生的时候，我默默决定瞒着亲戚朋友去参加，那时单纯是希望不要在年轻时候留下遗憾吧。

终归纸是包不住火的，先斩后奏的结果就是一堆的质问，但我以自己在给小朋友教魔术挣钱为由，继续留在那里训练。2016年记忆训练期间我做过魔术分享表演倒是真的，但只去了教育机构三四次，合起来赚了不到400块钱。

我们4月份的学员一开始有8个，3个礼拜集训后继续留下的只有3个，而最后只有一个拿到大师证书。为了一张大师证书，有些人付出的实在太多，有的选手为此奋斗两三年，有还在上学的中小学生休长假就为了比赛拿证，还有怀孕的妈妈坚持训练最后顺利拿到大师证，对比他们，我觉得自己七八个月的都算小惭愧了，第一年比赛就拿到IGM证也是很幸运。

第三节　结缘最强大脑

2016年8月香港记忆公开赛，这是我人生中记忆比赛的第一场，说实话紧张到不行，前两个项目比得怀疑自己怀疑人生，怀疑自己做错了决定，走错了路，怀疑这几个月的训练，然而到正式比赛时哪有可能跟别人比，一点记忆状态都没有。出现转机是在长时项目记忆的时候，慢慢进入状态了，记忆抽象图形15分钟项目，也获得了全场第二的好成绩，最终十项总成绩全场第七。这场比赛结束后才发现有最强大脑的导演在现场挑选选手，前十名选手都被叫过去填报名表，并且当场录制面试视频。

录制面试视频时，我说自己有两个兴趣，一个是学习记忆，一个学习魔术，还没说下去，导演就让我在镜头前表演个魔术，我表演了个手机心灵感应的魔术，就顺利地录完了面试视频，再后来是几个月里去南京的几轮测试。之前一直认为得拿大师证才有可能被相中，没想到第一场比赛就被选中，最后也算是通过了层层的测试才留在了最强大脑舞台上。

起初知道“最忆是江南”这个节目的时候真的是一头雾水，一把旋转的油纸伞，要我记住伞面上的图案……，我们在天台测试项目的可能性，十几个人各拿一把伞，有的编导甚至把伞转得飞快，压根儿看不清伞面。理论上，眼睛跟着飞驰的车走，是能看清车里的情况，但是如果车速太快就跟不上了，油纸伞的转动也是一样，演员在转动伞，速度过快，眼睛跟不上也什么都看不清，即使看清了，也还得捕捉细节去记忆特征点。

从一开始的无从下手，慢慢在脑海中琢磨出记忆对策，虽然取得一些进展，但是没有实物可以自我练习，每次到南京参加各种测试也只有一两天，这个过程是比较难受的。随着项目的沟通完善，油纸伞的难度也在不断增加，第一次测试的伞面上还有很多不同诗句可以作为特征去区分，后来导演把上面的字全统一成“香远”两个字，去让人重新做伞，这又要花费大半个月。

由于节目要求最后伞要合上，这是最大的困难点，反推意味着我需要根据合上的伞面找到演员的伞，要么我通过仅剩的细节倒推整个伞面，要么我只去记住合上之后会出现的部分细节，当然最终策略我选择了后者，也就是我要去捕捉转动伞时伞骨架上的小部分图案作为特征点记忆。说起来可能有点难以理解，就是眼睛跟着伞转动，看伞骨架上的部分图案，再加上大致的位置去进行编码记忆。编码就是把记忆那部分想成具体的事物，比如最后评委挑选的两名演员，从脸形看一个比较圆编码成圆饼，一个是方形脸编码成方砖，对应的伞编码分别是双胞胎和筷子，于是建立联系就有了双胞胎抢饼和一双筷子夹方块这样的“故事”帮助我进行记忆，也正是这样的记忆策略让我顺利通过这项看似不可能的挑战。

第四节　泪洒中国赛&圆梦世界赛

2016年8月比完香港赛回去武汉反思改进，这次十项总分仅4610分，平时能达到5000多分，意识到比赛不仅仅是技术的较量，也是心态的比拼。

10月武汉城市赛，正式锦标赛的第一场比赛，如果说香港赛只是练练手，那这次就有种练兵已久，战士上战场的感觉。两大赛场，广州和武汉，都是比赛人数最多、高手最多的赛区，虽然当时对自己有把握，但是当我真正拿到赛区总冠军的时候还是很激动，10个项目拿到了8个项目金牌，那会儿总分6052，当时IGM标准是6000，意味着自己训练半年竟然真的够得着IGM的门槛，在四五月份的时候是我想都不敢想的。

11月我以城市赛全国应届排名第一，晋级参加中国总决赛，因为历年成为IGM的高手可以不用参加城市赛直接报名中国赛，而且也有众多最强大脑选手参加，所以中国赛就是国内选手真正较量的舞台。我对自己的目标并没有多高，稳稳发挥平时成绩晋级世界赛就行，但没想到这是一场刚开始就让我差点崩溃的比赛。第一天下午，开幕式完毕就比第一项随机词汇，这是我的弱项。特别这次发挥更不好，所以那个夜晚非常难熬，恨不得早点10个项目都比完结束。因为这项分数与其他选手差距太大，我偷偷躲起来自我安慰了很久，一直睡不着，所幸最后自我开导成功，决定放手一搏。人生有时候就是这么奇妙，完全放下了反而让你发挥得挺好，拿到4个项目金牌，总成绩排名中国总决赛第二名，拿到亚军，最终排名超出了预期。

2016年12月的世界记忆锦标赛在新加坡举行，首次出国的我无比兴奋。恰逢最强大脑节目录制在世界赛前一个礼拜，录制完节目就马上飞往新加坡。本以为自己一个礼拜不训练成绩会有影响，所以我想的是稳住拿到记忆大师荣誉证书就行，在没有给自己压力的情况下比完3天的世界赛，超常发挥，总分达到7088分，还获得了单项抽图项目的世界记忆冠军，并打破了世界纪录，十项总成绩排名世界第三，顺利拿到国际特级记忆大师（IGM）终身荣誉称号，还和黄胜华、刘会风两人一起帮助中国队时隔5年再次获得国家团体冠军。

梦想还是要有的，万一实现了呢！

第五节　再次征战的2017年

2017年初随着最强大脑节目的播出，认识我的人慢慢增多，很多小选手都说要以我为榜样，其实有点惭愧。征战2017年的记忆锦标赛，我一边自己训练，一边带学员训练，负重太多，给自己的压力有点大，不像去年那样轻松。虽然说小遗憾还是有，但在10个项目成绩都不满意的情况下，在12月世界记忆锦标赛上还能追到全场第三，也还是感到满足了。这回强项都没有得到发挥，感觉被抑制住了，也是第一次比赛没有打破世界纪录。

赛前有记者采访我，问：这次比赛中国队会有压力吗？压力是巨大的，这两年蒙古来势汹汹，我怕国家团体冠军保不住，好不容易2016年又拿到团体冠军，怎么样2017年的也不能丢。

最后的赛果是有点遗憾的，我只拿到世界第三，但幸运的是最后替我们中国队再次拿到团体总冠军。

2017年是参加比赛最多的一年，辗转国内外参加比赛。

8月，首届亚太记忆公开赛，打破抽图、马扑世界纪录拿到总冠军；

10月，第一届香港全球友谊赛，打破快扑世界纪录，拿到总冠军；

11月，中国赛不参与排名，打破快数世界纪录；

12月，世界赛全场第三，抽图金牌、历史金牌、快数银牌、快扑银牌，但没有破纪录。

身为选手奋战第二年，最好成绩保持了几个中国纪录、两个世界纪录（抽图和快数），在亚太赛后排名中国第一，全球历史总排名世界第五，也很荣幸能够受到越来越多选手的支持，连续3年当选为脑力锦标赛中国形象大使。

竞技不止，所有成绩都只是暂时的，2018年的世界赛刷新了5个项目的世界纪录，这也是我停赛的一年，作为嘉宾给大家分享那场比赛，以一个旁观者的角度，才发现长江后浪推前浪，竞技技术这两三年崛起了很多战队，在快速发展中也催生了越来越多的大神，对于未来也希望能有更多新选手去挑战并征战这片沙场，相信我们这一代人不管是在竞技比赛还是其他实用方面，都能把记忆术传承得更好。

第二章 “甘神”的成长之路

我是甘考源。每次出去进行演讲展示自己记忆能力的时候，总会有很多同学问，老师，你的记忆能力是天生的吗？每次听到这个问题的时候都会觉得有些许的感慨，曾几何时，我也是那个因记不住知识而困扰的普通中学生，转眼之间，已经成为一个能将四级字典、成语字典、国学经典都背下来的记忆大师。在这里，笔者负责任地告诉大家，所有大家在电视上见到过的最强大脑或者是记忆天才们，其实他们所有的记忆能力都来自后天的训练，通过记忆术的训练，你也可以成为别人眼中的最强大脑。

时光倒转，回到最初的起点。

第一节 与记忆的初次结缘

谈到自己的记忆能力，其实在很小的时候我觉得自己的记忆力相对来说是比较差的，所以学习起来感觉格外费劲，尤其是英语和语文这两门极其考验我们记忆能力的科目。每次老师布置背书任务的时候都是我最苦恼的时候，一篇又一篇的长篇课文让我背得喘不过气，恨不得能够拥有哆啦A梦的记忆面包，只要将要背诵的内容粘上去再吃到肚子里就能够牢牢地记住。现实中当然没有什么记忆面包，大家只好去求助师长，想找到记忆的诀窍。我小学的时候还特地去请教过我的老师们一些背诵的好方法，然而得到的回复都是“背书很简单呀，多读几遍，多抄写几遍，你就能牢牢地记在脑海当中了”。不得不说，在那个年代，没有人知道记忆是有方法的。直到后来一次偶然的机会，我了解到原来在这个世界上真的存在高效的记忆方法，让我打开了记忆的魔盒，成为一名记忆大师！

还记得高三时每天背完政治和历史的知识点之后，第二天就忘了许多，知识总是记了又忘，忘了又记，反反复复之下，慢慢地产生了一些厌学情绪，越学越没有信心。在这种困扰之下，某天晚上我突然之间想起初中的时候看到的一本关于记忆的书籍，书籍上面记载了不少记忆方法。于是我特地回去翻阅了那本书，开始更加系统地学习记忆法。我尝试着用学习到的地点法去记忆政治和历史知识点的时候，发现记忆效率提高了不少，并且在记忆完毕之后第二天依然能够牢牢记住。从那之后，我对学习越来越有信心，成绩开始慢慢地追赶上了我班上的同学，别人都很惊讶为什么在学习的最后关头我开始进步得越来越快了。在2014年的高考中我出人意料地考了全班第一名，去了一所重本大学华南农业大学。对于当时的我来说，已经很满足了。有时总是在想，如果早点接触这种方法，自己应该能考个更好的学校吧！很可惜接触的还是晚了点。

第二节　大学，世界记忆大师的起点

2014年9月，来到了人生的一个新阶段，正式踏入大学的大门，成为一个迷茫又不知所措的大学新生大军中的一员。大一的时候，记得学校里有一门课叫作职业规划，教学生如何去规划自己的未来。实现自己的理想需要哪方面的能力等。那堂课结束后我就给自己的大学定下了一个目标，我要去完成一件一直以来想去做的事——在大二的时候拿到“世界记忆大师”的称号。

于是2014年开始我就尝试着训练扑克，因为交不起高昂的记忆法培训学费，没有人指导，就自己悄悄地买了相关的书来看，开始了自己艰难的自学之路。最初按照书里的内容来进行训练的时候，感觉还有一些用，但慢慢地就发现书中的知识毕竟有限，很多疑问和困惑书本无法替我解答，于是，机智的我就去加了很多记忆爱好者的群，在那些群里有很多志同道合的爱好者，并且偶尔有人会在群里分享，有不懂的问题也可以和别人交流，从而知道自己不足的地方。（如果你也想要自学的话，那你一定要和别人多交流，多去听别人的公开课，这可以帮助你少走弯路。）虽然大致知道了方法，但自学有一个比较致命的缺陷——没有训练氛围，除非是自律性很强的人，不然很难能够坚持自己的训练计划。我在最开始的时候，没有和自己一起训练的小伙伴，所以有半年的时间我是处于划水的状态，心情好的时候就拿出扑克练一练，虽然有进步，但是进步的速度堪称龟速。

2015年，在知道中国拿下了世界记忆锦标赛世界总决赛的举办权之后，我觉得这是个很好的机会，这次我一定不能错过，于是毅然鼓起勇气报名参加了广州赛区的城市赛，准备去参加人生的第一次比赛。报名参加了比赛之后，我就开始了我的闭关之旅，原计划在家闭关修炼两个月，但坚持了两个礼拜之后，我的计划就宣告失败了。那一刻我才知道什么叫作理想很丰满，现实很骨感。现在回想起来，总结当时计划失败的原因有二：一是训练的方法不对，那个时候我连读联都不知道是什么，每天只是单纯地练编码反应，发现效果不佳，没人指导的时候也会经常怀疑自己的方法是不是有问题，不敢继续练下去。二就是没有任何志同道合的人和自己一起训练，训练效率非常低下，经常三天打鱼两天晒网。浑浑噩噩地就到了年底，浪费了大量宝贵的时间。

城市赛，打酱油

2015年10月世锦赛城市赛正式开启，当时报名的是广州赛区，因为赛前没有怎么训练，当时抱着打酱油的心态就去参加比赛了，除了数字扑克以外，其他项目基本上没练过，就连二进制也只是比赛前一天才练了一下翻译。当时的想法是去体验一下比赛就好了，意料之外的是，在所有项目都比完之后，我竟然有3800分，拿了广州第五，而按照世界记忆锦标赛的标准只需要3000分就能够拿到“世界记忆大师”的证书。那个时候才感觉自己还是有小小的天赋，幻想着自己如果稍微努力下，进步肯定会更快一点，拿到证书应该是没有问题的。

国赛，滑铁卢

城市赛结束以后，深感自己应该开始训练其他新项目了，于是在国赛开赛前的几个礼拜，我开始疯狂地训练，当时抱着中国前十的心态飞去江苏参加中国总决赛，然而现实的结果却很残酷，可以说是成绩全线崩溃，总成绩只有2600多分，全国排名不堪入目。抱着失落的心走出了赛场，踏上回程的火车，正逢冬天的清晨，虽然有些许阳光洒在脸上，但我却没感到一丝的温暖。在火车上我告诉自己“世界上有两种苦，一种是努力的苦，一种是后悔的苦，永远别让自己再吃第二种了。如果这次侥幸晋级了，那我一定会踏踏实实地进行训练”。

下午，在经过几个小时的漫长等待以后，晋级名单出来了，在名单的最底下，我看到了自己的名字，那种绝后重生的感觉让我知道，这是老天在给我第二次机会，这一次，一定要把握住，一定要拿下“记忆大师”的称号。次日回到广州之后，我开始认真备赛，重新整理了一下马数和马扑的地点，晚上独自模拟了一次一小时马拉松数字，结果刚好过1000，有着些许欣慰。并且，我额外花费了两天的时间，总结反思了自己国赛失败的原因，并且尝试用新的方法进行训练，去提高自己的准确率。也是在那一个礼拜，我悟出了提高准确率的技巧，这也为我后来成为国际特级记忆大师打下了坚实的基础。也正是这次失败的经历，让我懂得了什么叫作“破后而立”。

2015年12月，世界赛

一周的闭关努力终于到了节点，我踏上去成都的火车。在失败的阴影笼罩下，一路上内心充满了忐忑与不安，对失败感到恐惧，对自己的实力不自信，这一次如果再失败，实现自己梦想的机会就更远了。

抵达成都后，和往常一样去上交了扑克，就在酒店紧张地等待着第二天比赛的到来。前面两天我顺利完成了世界记忆大师的几个标准——1小时记忆1000个数字以上，1小时记忆10副以上扑克牌，总分达到3000分，最后一个标准是需要在2分钟内记住一副扑克，只要达到了这个标准，我就可以顺利地拿到世界记忆大师的称号了。

在最后一个项目快速扑克的时候，我心里既激动又害怕，激动的是这已经是最后一个项目了，只要能够在2分钟内记下一副扑克，我就能顺利地拿到称号和证书；害怕的是如果这次失败了，我就将错失非常宝贵的一次机会。下午，快速扑克第一轮，采取了比较保守的策略，第一轮记得比较慢，并且看了两遍，对牌的那一刻，感觉所有担子都已经放下了，两遍记忆花费的总时间是1分14秒。有了第一轮的成绩以后，第二轮我只看一遍，在记忆的过程中感觉自己的状态也非常好，最后成绩是44秒，对于自己来说算是一个比较好的成绩了。

那天，是我人生当中一个重要的日子，当颁发记忆大师奖时，听到自己名字的那一刻，感觉一年来的期盼和努力都没白费——努力终究不会辜负一个人。截至那一年，全球登记在册的世界记忆大师仅有294人，而我终于可以骄傲地说：“I am one of them。”这次的经历也让我深深地理解了那句话，“一切都是最好的安排”。

2016年，在拿到记忆大师之后，开始对自己未来的路有了些许思考，这一年可以说过得比较煎熬，暂且跳过。

第三节　南征北战——国际赛场上的崭露头角

2017年，是我人生的一个转折点，在2016年全国赛上拿了第六以后，开始对竞技方面有了更加深入的思考，觉得自己在大学里面需要给自己留下一点东西，让自己的青春年华留下一笔纪念。那一年，我决定出国比赛，从各国公开赛开始，和国际上顶尖的记忆高手一起切磋，从韩国起步，后来转战马来西亚、菲律宾等，实力逐渐从5000多分上升到7100，7月时就已经成为国内极少数分数上7000分的选手。那个时候因为一直在国外比赛，国内知道我真实水平的人很少。

8月份，第一届中国国际公开赛全国城市选拔赛开赛，由于国内选手记忆水平的不断提高，在当时的城市赛当中IMM没有被禁止参赛（注：世界记忆大师总共分为3个等级，由低到高分别为IMM、GMM和IGM，一般的小比赛世界记忆大师都会被禁止参赛），并且需要参加城市选拔赛。于是我就选择了一个奖金比较高的赛区——潮州赛区（后来发现不少人和我有着同样的想法），潮州赛区作为一个小赛区，参与的人比较少，但是较丰厚的奖金吸引了5名世界记忆大师前往参加，所以这是一场激烈的冠军争夺战。比赛的场地在潮州电视台举行，在那里我们展开了极为激烈的角逐，意料之中，那场比赛我以压倒性优势赢得了胜利，在全国的城市选拔赛当中，总排名排在第一位。

8月，亚太赛开幕，在美丽的羊城广州举办，汇聚了来自亚太地区的顶尖记忆高手，看见了许多马来西亚的老朋友，还未开赛就已经注定这是一场激烈的战争。这次比赛中最大的对手莫属苏泽河以及石彬彬，两位都是国内顶尖的选手，每一位都是7000+的水平。赛事第一天，我在早晨的精神状态一般都不好，所以第一个项目人名头像的成绩在意料之中，不太理想。第一天的比赛过程当中，毫无意外的，成绩落后隔壁两人，排在第三的位置。第二天比词汇，15分钟的词汇项目一直没有怎么训练过，所以成绩并不是很稳定，果然，最后的成绩意料之中，只有100多一点，这个项目严重地拖了后腿。下午听记数字超常发挥，第一次记了279，当时虽然能听完300个，但是平时训练一般只记250个，所以听到279的时候就决定停下来复习了，后面的不再听。在答题的时候中间有一个编码不太确定，因为在我的编码当中有两个编码非常相似，所以最后检查的时候我还是凭借第一直觉写了自己认为对的数字，最终结果279个，刷新个人听记最好成绩。这一项目也为我拉回了非常多的分数，让我离亚太赛总冠军只有50分之差（只要快扑再快一秒，就能拉回50分），最终结果老苏7551，而我的分数是7501，有些遗憾最后拿了总亚军。虽然当时的成绩没有完成自己8000分的小目标，不过也已经算是一个不错的成绩了。那天，拿到了亚太记忆公开赛的总亚军，意料之中也是意料之外，世界排名从139名一跃升至世界第六。登上领奖台的那刻，内心感慨万千、五味杂陈，三年的坚持也算是没白费，算是给自己的青春留下了一些交代。

在这里也想送给仍然在记忆路上追逐的各位小伙伴们一句话：“请始终相信，努力终究不会辜负人，加油！

第四节 结束，是新的开始

亚太赛结束之后，之后的几场比赛我都处于打酱油状态，虽然10月份拿了记忆九段世界杯赛总季军，但自己明显感觉当时的状态与水平开始下滑，找不回当初的巅峰状态。2017的下半年终究是忙碌的一年，平时在大学里忙着上课，周末经常要到处飞，有一段时间对飞机这种交通工具已经感到厌恶和恐惧，忙碌之余，训练时间少之又少，这也是为什么我在后来的世锦赛当中失误比较严重。

回首自己的2017年，其实是很不错的一段经历——一群人，为着同一个目标共同奋斗。前行的路上遇到了许多志同道合的朋友，一群有趣的灵魂相聚在一起，最终汇聚成一段难忘的记忆。2018年，正式退出记忆竞技圈，学习记忆术的初心是让自己在学习和工作当中能够记得更加轻松，而参加竞技比赛，水平到达一定境界的时候反而在某种程度上会成为一种负担，因为如果想在比赛上拿到奖项其实需要付出很多的时间和精力。世界很大，我想在另外一个领域有新的成就，也还有很多新的东西想要去学。不再迷恋曾经最热爱的赛场，但愿激情永远在路上，也希望仍然在记忆的道路上追逐自己梦想的朋友们能最终圆梦。

第二部分

了解自己的大脑

第三章　大脑的奥秘

人类之所以能成为世界上最聪明的动物之一，是因为我们体内有着一部极为精密的“仪器”，那就是——我们的大脑。关于人类的大脑其实还有很多的奥秘没有被揭开，尽管科学家不断进行研究，但是对于大脑的秘密我们仍然还知之甚少。如果未来人类的大脑的秘密能被百分百地揭露，那么也许人类的大脑就会变得像电脑一样，拥有异常强大的记忆力和计算能力，人类也将成为超人般的存在，所有的知识我们也许只需要看一遍就能牢牢地记在我们的脑海当中，储存的知识将会帮助我们创造一个全新的科技世界。

第一节　大脑之谜

我还记得很小的时候我的父母总会告诉我，学习的时候要多用脑子，只有这样才能学得更轻松。许多教育专家和老师倡议要科学用脑，但是他们从来没有具体说过如何去科学用脑。直到有一天我发现，如果你连你的大脑都不太认识，那么其实你很难做到在学习的时候科学用脑。为什么这样说呢？就好比你在使用一台笔记本电脑的时候，哪个是键盘？哪个是鼠标？哪个是屏幕？写的哪些代码有哪些作用？当你连这些事物都不认识的时候你很难去发挥出一台电脑强大的功能。我们在使用大脑的时候也是如此，想要更加高效地使用我们的大脑，让我们的学习更加轻松，那么首先你得了解一下自己的大脑，看看你的大脑的结构和规律是什么样的吧！按照大脑的喜好和规律去使用它，你就会发现原来学习也不是一件难事嘛！接下来我们就一起来了解一下我们神秘的大脑吧！！

我们的大脑主要包括左、右大脑半球，是中枢神经中最大和最复杂的结构，也是最高部位；是调节机体功能的器官，也是意识、精神、语言、学习、记忆和智能等高级神经活动的物质基础。大脑半球表面呈现不同的沟或裂。沟、裂之间隆起的部分叫脑回。大脑半球借沟和裂分为五叶，即额叶、颞叶、顶叶、枕叶和脑岛。人体功能在大脑皮质上有定位关系，如感觉区、运动区等在大脑皮质上都有对应位置。实现大脑皮质的感觉功能和调节躯体运动等功能。人类有语言和思维，中枢偏于皮质左侧，称为优势半球。如果这些中枢受损将产生与语言有关的症，如运动性语言中枢受损，患运动性失语症，虽然与发音有关的肌肉未瘫痪，患者却不能说话；若视运动性语言中枢受损患失写症，虽然手部及其他运动功能仍然正常，但不能做书写绘画等精细运动；若听性觉语言中枢损害可患感觉性失语症，病人能听到别人讲话，但不理解所讲的内容。

由此可见，大脑当中的每一个部位其实都和我们的学习、运动和感觉等息息相关，当大脑当中的某个部位受损的时候，你在某方面的能力就会出现障碍。而如果想要让我们的各项能力都得到最佳的发挥，那么保护大脑就至关重要了，并且也要注重为我们的大脑补充营养。平时可以多吃哪些食物为我们的大脑加油助力呢?

1.多进食一些含有胆碱的食物。人脑中含有大量乙酰胆碱，记忆力减退的人大脑中乙酰胆碱的含量明显减少，老年人更是如此。补充乙酰胆碱是改善记忆力的有效方法之一。鱼、瘦肉、鸡蛋（特别是蛋黄）等都含有丰富的胆碱。

2.补充卵磷脂。卵磷脂能增强脑部活力，延续脑细胞老化，并且有护肝、降血脂、预防脑中风等作用。蛋黄、豆制品等含有丰富的卵磷脂，不妨适量进食。

3.多食碱性和富含维生素的食物。碱性食物对改善大脑功能有一定作用。豆腐、豌豆、油菜、芹菜、莲藕、牛奶、白菜、卷心菜、萝卜、土豆、葡萄等属碱性食物。新鲜蔬菜、水果，如青椒、金针菜（黄花）、荠菜、草莓、金橘、猕猴桃等，都含有丰富的维生素。

4.补充含镁食品。镁能使核糖核酸进入脑内，而核糖核酸是维护大脑记忆的主要物质。豆类、荞麦、坚果类、麦芽等含有丰富的镁。

5.有条件的话，可适当进食人参、枸杞、核桃、桂圆、鳝鱼等补益食品。核桃仁是补肾固精、滋养强壮的食品。它含有人体所需的多种维生素和微量元素，对人的大脑神经有益，是神经衰弱健忘之人的辅助治疗剂。凡健忘者，可坚持每天早、晚吃1～2个核桃，也可经常用核桃仁30克，同大米煮粥服食。

营养学家指出，经常食用以下常见的食品，对健脑很有好处。

（按补脑的营养含量排列）

蛋类：如鹌鹑蛋、鸡蛋。鸡蛋含有丰富的蛋白质、卵磷脂、维生素和钙、磷、铁等，是大脑新陈代谢不可缺少的物质。另外，鸡蛋所含有的较多的乙酰胆碱是大脑完成记忆所必需的。因此，每天吃一两个鸡蛋，对强身健脑大有好处。

动物肝、肾脏富含铁质：铁质是红细胞的重要组成成分。经常吃些动物肝、肾脏，体内铁质充分，红细胞可为大脑运送充足氧气，有效地提高大脑的工作效率。

鱼类可为大脑提供丰富的蛋白质，不饱和脂肪酸和钙、磷、维生素B_1、维生素B_2等，它们均是构成脑细胞及提高其活力的重要物质。

大豆和豆制品：含有约40%的优质蛋白质，可与鸡蛋、牛奶媲美。同时，它们还含有较多的卵磷脂、钙、铁、维生素B_1、维生素B_2等，是理想的健脑食品。

小米：含有较丰富的蛋白质、脂肪、钙、铁、维生素B_1等营养成分，有“健脑主食”之称。小米还有能防治神经衰弱的功效。

硬果类食品：包括花生、核桃、葵花子、芝麻、松子、榛子等，含有大量的蛋白质、不饱和脂肪酸、卵磷脂、无机盐和维生素，经常食用，对改善脑营养供给很有益处。

黄花菜：富含蛋白质、脂肪、钙、铁、维生素B_1，均为大脑代谢所需要的物质，因此，它被人们称为“健脑菜”。

枣：中含有丰富的维生素C，每100克鲜枣内含维生素C380~600毫克，酸枣中达1380毫克。

需要注意的是：糖不宜多吃。因为糖进入血液中，可使血液浓度升高，血流速度减慢，呈酸性。血流速度变慢会产生脑血栓；酸性环境不利于神经系统的信息传递，从而使头脑反应迟缓。

第二节　左右脑的功能分区

接下来，笔者将问大家几个问题，第一个问题，想不想自己的大脑随着年龄的增长反而变得越来越灵活，越来越聪明，如果想，请举起你的左手；第二个问题，想不想在今后的学习、生活和工作当中让自己可以花更少的时间创造更多的价值，如果想，请举起你的右手。这个时候我们一起来思考一下，当我们举起左手的时候，是哪个大脑在控制？当我们举起右手的时候，是哪个大脑在控制？左脑还是右脑？没错，人的大脑其实是分成左脑和右脑的。1981年，诺贝尔奖的获得者罗杰斯佩里博士曾经做了一个非常著名的脑割裂实验。在脑割裂实验中，斯佩里博士将大脑左右半球之间的胼胝体割断，发现外界的信息传到大脑皮层的某一部分后，不能同时又将此信息通过横向胼胝体纤维传至对侧皮层相对应的部分，虽然大脑中每个半球仍然能够各自独立地进行活动，但是左右脑之间彼此不能知道对侧半球的活动情况。在1952年之后的10年当中，斯佩里先后用猫、猴子、猩猩等动物做了大量的割裂脑实验，通过实验对大脑的左右脑有了更深的了解。在有了大量的动物实验数据以及经验之后，从1961年开始，斯佩里把“裂脑人”作为研究大脑两半球各种机能的研究对象，对“裂脑人”长时间进行了一系列的实验研究，发现了人类大脑左右脑功能的分区的不同。

在人类大脑当中，斯佩里博士发现，人类的左右脑虽然在形状结构上基本相同，但是在具体的功能分区上有一定差别，左脑主要负责逻辑、语言、数学、文字、推理和分析，而右脑主要负责的是图像、音乐、韵律、情感、想象和创造。左脑发达的人，逻辑推理能力会更强，因此我们的左脑也被称为逻辑脑。而右脑发达的人，在艺术方面会有更高的成就，因而我们的右脑也被称为艺术脑或者是创造脑。在了解人类左右脑的功能区别的基础上，如果我们能够恰当地运用和使用我们的大脑，你将会体验大脑重获新生的感觉。我们经常会在新闻或者是电视上听到专家们提倡，在学习的时候要多去运用我们的右脑，而左撇子的右脑会更加发达，从而也会更加聪明。所以，如果你想要自己变得更加聪明的话，可以在平时的生活中多去锻炼左手，比如尝试着用左手写字，用左手夹菜、扫地、洗衣服等。当然，多去锻炼左手并不代表你要放弃使用右手，而是要在保持右手习惯的基础上刻意去锻炼一下自己的左手。

第三节　记忆的概念

在了解完我们的大脑之后，接下来我们重新认识一下什么是记忆？记忆是人脑对经历过事物的识记、保持、再现或再认，它是进行思维、想象等高级心理活动的基础。人类记忆与大脑海马结构、大脑内部的化学成分变化有关。

我们常说的记忆，其实指的是一个过程。记忆主要分为“记”和“忆”两个过程，“记”就是对知识的输入，而“忆”就是所存储的信息的提取。我们可以把记忆的过程比作是存钱和取钱，记的时候就是将知识这种“金币”存入我们的储存罐——大脑中，忆的时候就是从我们的“储存罐”里把存入的“钱”拿出来。而在记忆的过程中，如果我们无法将储存罐的知识提取出来，就是所谓的遗忘。如果想保持记忆的长久性和牢固性，则需要我们在记的时候将知识存在正确的位置，回忆的时候从正确的位置上找回我们存入的内容。只有正确地对知识进行“记”和“忆”，我们才能减少遗忘现象的发生。具体的方法我们将在后面的内容中教给大家。

记忆属于心理学和脑科学的研究范畴，数十年以来，心理学家和脑科学家们一直在致力于人类记忆的研究，希望能揭开人类记忆的奥秘，克服人类遗忘的现象。然而，大脑是世界上最复杂的器官，虽然多方的研究让我们对它有了一些了解，但是关于人类大脑以及记忆的秘密我们仍然知之甚少，人类仍然很难通过科技让我们的大脑变得终生不忘，至少以目前的科技水平我们还无法做到。但是，我们可以依据已知的记忆与遗忘的规律以及一些科学的记忆方法来减少遗忘现象的产生，让我们的记忆内容可以保持得更长久。在当今世界，有那么一群人，他们掌握着从古希腊就遗留下来的记忆秘术，他们不仅能够在2分钟的时间内记下上百个随机数字、词语或者是字母，更有人能够将新华字典、成语词典以及牛津词典等内容全部记忆下来，这些人就是活跃在世界记忆锦标赛上的“世界记忆大师”们。世界记忆大师们让我们对人类的记忆有了新的认知，这些常人眼中的天才是天生拥有记忆天赋还是后天训练出来的记忆超人呢？答案是，都是后天训练出来的。那么他们是如何拥有这种不可思议的记忆能力的呢？具体的方法大家将在后面的内容中学习到。

第四节　为什么我们会遗忘

相信大家一定很好奇，为什么人类会遗忘，假如人类能够真正做到过目不忘，那我们在学习的过程中应该会无比轻松。然而，遗忘是人类在记忆以及回忆的过程中不可避免也无法回避的问题，只有对遗忘的原因了解得更加深入，我们才能懂得如何去避免遗忘。

对于人类遗忘的原因，心理学家也给出了一些答案，分别是消退说、干扰说、压抑说、提取失败说。

消退说：这种理论认为，人们学习了新知识以后，如果不经常性地加以强化巩固复习，那么我们脑海当中储存的记忆就会逐渐地消退、减少直到忘记

干扰说：这种理论认为遗忘是因为学习和回忆的时候受到其他信息的干扰和刺激所致。

这种理论可以用前摄抑制和倒摄抑制来说明。前者是先学习记忆的材料会对后识记和回忆学习材料产生干扰作用：后者是指后学习的材料会对保持回忆先学习的材料产生干扰作用。

压抑说：这种理论认为人之所以遗忘是因为我们的情绪或者动机压抑导致的。当我们能够接触这种压抑的时候，我们就自然能够回想起之前记忆的信息。

提取失败说：从信息加工的角度来看，遗忘是因为我们无法提取我们记忆过的信息，或者是我们在回忆的时候缺乏线索，从而导致提取失败。

德国著名的心理学家艾宾浩斯通过研究发现了人类记忆的遗忘规律，通过实验，对我们在学习新知识的时候对知识的保持程度以及时间做了一个科学测算，得到了著名的遗忘结论——艾宾浩斯遗忘曲线规律。

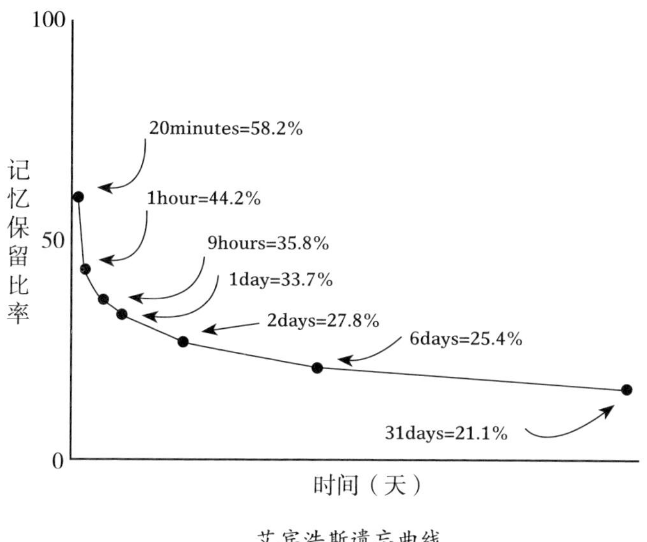

艾宾浩斯遗忘曲线

如果我们按照遗忘的规律进行复习，我们可以在知识即将遗忘的时候加以巩固，从而令记忆达到事半功倍的效果，有效地提高我们对知识的记忆效率。

根据人记忆信息所维持时间的长短，我们可以将人类的记忆类型分成三种，分别是瞬时记忆、短时记忆和长时记忆。瞬时记忆的维持时间极其短，比如你正行走在路上的时候，遇到了很多路人，当他们在你面前的时候你会大概记得他样子，当你们擦肩而过后的那个瞬间，你基本上就已经忘记了他们长什么样了。比瞬时记忆时间维持得长一点的叫作短时记忆，短时记忆的保持时间也很短，但是比瞬时记忆长，比如你在和别人打电话的时候，这个时候别人突然报了一个电话号码给你，然后恰巧你的手中没有纸和笔，这个时候你就需要用你的记忆能力把这个电话号码给记忆下来，当你记忆完再过了几分钟之后，你就会发现自己基本上已经将电话号码忘得一干二净了，这就是短时记忆。什么叫作长时记忆呢，就是某些信息一旦我们记忆下来，无论时间过了多久，我们在回忆的时候仍然会记忆犹新，不会忘记。比如“我爱你”的英文怎么说？相信大家都能脱口而出对吗，这就是长期记忆。

我们在对抗遗忘的过程中其实主要思考的问题，是如何根据我们大脑的规律去通过一定的方法来将我们的短期记忆转化成长期记忆。这就是记忆术要解决的问题。

第四章　神奇的记忆世界

第一节　记忆术的基本原理

记忆在心理学、神经语言程序学等方面都有不同的定义，而在脑力界，我们把记忆称为一种创造联结的艺术，在上一章中，我们已经讲过人类的大脑分成左脑和右脑，而右脑的记忆能力是左脑的至少10倍以上。举个例子，请大家想象一下过去的经历当中，有没有和别人吵过架，并且吵得很凶、吵得脖子和脸都红了，想一下这个画面，相信你对这个画面会记得尤其深刻，但是当时你们吵架的内容你还记得吗？基本上已经忘记了吧？这是因为吵架的这个画面是图像性的内容，图像类的信息会储存在我们的右脑当中；而所说的话是文字类信息，会储存在我们的左脑当中，而右脑的记忆能力是左脑的10倍以上，所以我们会对吵架的画面记忆深刻，而对吵架的内容，即文字类信息忘得比较快。记忆术就是利用人类右脑的潜力，将抽象性的文字转化成图像来进行记忆，从而提升记忆的效率，让我们的记忆可以达到事半功倍的效果。在记忆实践中我们发现，我们经历过的夸张、荒诞、恐怖或者是伤心的一些事我们会记得尤其深刻，比如你曾经上过太空，从万里高空带着降落伞一跃而下，又或者是你曾经因为心爱的人离开你而悲痛欲绝，这些人生当中的体验相信你一辈子都不会忘记。而记忆术就是巧妙地采取夸张、荒诞、恐惧等方式在我们的脑海当中通过加工的方式重现这种令人印象深刻的画面以及相对应的情绪，从而帮助我们更加快速地将知识给记忆得更加牢固的一种方法。

第二节　高效的图像记忆

在人类的记忆信息当中，我们对图像类信息更为敏感，印象更深刻。打个比方，在某个社交场合上，我们遇到了一个新朋友，当他做自我介绍的时候，我们的大脑会大概地记下他的样子和姓名，此时此刻你是能够记住他的相貌和名字的，但是下次再遇到这个只有一面之缘的人的时候，你是否发现，你觉得这个人似曾相识，却始终想不起他的名字。再比如，同样记忆关于某战争的历史内容，如果这段历史被拍成电视剧，我们对电视剧里的历史内容的印象会更加深刻，比如战争发生的时间和地点等，而如果只是单纯地给你一本相关战争的历史书让你记忆时间、地点、人物等，你会发现记忆完之后很快就忘记了。

这就是大脑的特性，它更喜欢图像类信息，而对枯燥的文字类信息比较不敏感，所以通过将抽象的信息转化成形象的图画进行记忆的记忆方法，是所有的世界记忆大师以及最强大脑的选手们都会使用的一种方法，即图像记忆法。图像记忆之所以更加高效还有一个原因，就是人天生更喜欢看图像，比如在你眼前有电视剧和书本（它们的剧情和内容相同，只是形式不同）给你选择，你会选择哪一个？相信99.99%的人都会选择看电视剧，因为看画面让我们觉得更加有趣，而人会对感兴趣的内容印象更加深刻。

比如以下有一些词汇，我们来看看大概需要多久时间能够记住。

飞机	大象	钱包	大海	猴子	森林	单车
垃圾桶	行李箱	武器	纸巾	学生	星星	公路
衣架	书包	衣服	汽车	强大	记忆	

在没有运用任何记忆方法的情况下，不知道你记下这些词语花了多长时间，又看了几遍呢？你会发现，上面的词语虽然不是很多，但是你也花了不少的时间来记忆。其实记住这些词语可以很简单，只需要看一遍，并且只需要一两分钟我

们就可以记在脑海中。是不是这么神奇呢？接下来我们一起来尝试一下，发挥自己的想象能力，去编个小故事。

我们可以想象着，在万里高空有一架**飞机**正在飞行，这个时候从飞机上面跳下来一头**大象**，这头大象的鼻子上吸着一个**钱包**，但是没有吸住，钱包掉进了**大海**里面，被一只在海边玩耍的**猴子**捡到了，猴子连忙跑到了**森林**里面，骑上了自己的**单车**，结果不小心撞到了一个**垃圾桶**，在垃圾桶里面发现了一个**行李箱**，打开行李箱一看，在里面竟然发现了一把**武器**，发射这把武器的时候里面射出了很多的**纸巾**，打到了一个**学生**，这个学生正在天上摘**星星**，没有摘到结果自己掉到了**公路**上，在公路上捡到了一个**衣架**，上面挂着一个**书包**，书包里面装着很多的**衣服**，衣服的口袋里面装着一辆**汽车**，这辆汽车很神奇，可以让你拥有**强大**的**记忆**力。

接下来我们可以闭上眼睛回想一遍整个画面，看看你记住了吗？有没有发现，同样的信息，当我们用死记硬背的方法的时候需要记忆很久并且要重复好几遍才能记住，但是当我们将这些内容和信息转化成生动有趣的画面的时候，只需要一遍就牢牢记住了。所以，记忆的核心就是将我们要记忆的所有抽象的文字、数字或者英文都转化成生动形象的画面！这就是我们记忆方法里面常见的**故事法**！

第三节 大脑的准备运动

就像在进行激烈运动之前需要做热身运动一样，在我们正式进行记忆之前，也需要先做一些准备工作，让大脑达到最佳状态，从而提升我们的学习效果。

进行冥想。冥想是一种非常好的放松身心的方式，通过冥想我们可以调整自己的生理和心理状态，让大脑达到一个更轻松的状态。在进行冥想之前，我们可以先调整自己的呼吸，然后找一个安静无人的地方，放一些空灵的音乐，然后集中注意力进行冥想。

多看图片，增强自己的图像感。在右脑记忆的过程中，我们非常依赖于图像，如果没有良好的图像感，我们很难运用好我们的右脑。在每次想象的时候如果遇到图像比较模糊记不住的，我们可以去网络上找相关的图片来浏览，从而增强我们对图像的感觉。

联想记忆训练。我们都知道记忆术其实就是创造联结的技术，所以联想能力是我们必须要掌握的一项技能。联想记忆训练可以从两两联结开始，每次在正式记忆之前我们可以让别人给我们出十组两两对应的词汇，比如飞机——书包，坦克——白云，小树——小丑，等等，在联想记忆之后我们再让别人来考我们，比如飞机对应的那个词语是什么？这是记忆的基本功，也是我们掌握记忆术必须要练习的基础。

在运用地点法进行信息的记忆之前，我们需要在脑海当中回忆地点。地点是我们记忆信息的载体，在记忆的时候如果没有地点，信息就仿佛是悬浮在天上的空中楼阁，虚无缥缈，难以回忆，这也是很多时候我们会遗忘的重要原因。地点就是我们回忆的线索，回忆的线索清晰并且有序很重要。

第五章　大脑测试

第一节　记忆力测试

在第五章学习之前，我们一起来测试一下你的记忆能力怎么样。

1. 数字

接下来我们先来尝试着记一下以下这串数字：

3797419

现在我们遮住这串数字，看看自己记忆下来没有。

相信绝大多数人都能够毫不费力地记忆下来！

这只是简单的联想，简单的记忆，简单的热身运动，接下来我们来增加一点难度，一起来挑战一串更长的数字（给自己倒计时1分钟）。

47183758710374982735619023098375013

现在同样我们遮住以上这串数字，看一下自己记下来多少内容？

2. 字母

接下来我们尝试一下其他类型的信息内容，看看自己能够记住多少。还是一样，先来记比较短的：

FLAJSDGJS

现在遮住这些字母，看看自己记住了多少。

接下来我们来尝试一下记住长一点的内容（1分钟）。

JDKSAJKGAKSJDFAJSKLJDGADKJFLKJSDKGA

现在再将刚刚所记忆的内容默写下来。

3. 词语

现在，我们一起来尝试记忆最后一种类型的信息——中文词汇。

风雨　　宇宙　　小树　　书包　　强壮　　哪吒　　水壶

接下来，遮住上面的内容，开始尝试着默写。

接下来我们挑战记忆更长的信息（1分钟）。

水平　　学校　　电脑　　视频　　本子　　屏幕

手机　　话筒　　学生　　椅子　　横幅　　河流

才艺　　跑步　　桌子　　泉水　　风　　投影

遮住上面的内容，接下来进行默写，看看自己记住了多少内容。

测试结果

如果你能在1分钟以内记住5~9个信息，说明你的记忆能力是正常水平。

如果你能记住10~15个，说明你的记忆力属于优秀水平。

如果你能记住全部内容，说明你是个懂得运用记忆方法的人。

现在让我们回顾一下刚刚记忆的内容。我们分别尝试了记忆随机数字、随机字母以及中文词汇，看看我们写下的答案，统计一下自己分别写下了多少个。仔细地观察一下数据，在你没有运用任何记忆方法的时候，各种信息你是不是只能记住7+2个左右？这就是神奇的记忆魔力之七。1956年，美国心理学家乔治·米勒通过研究发现人在短时间内能够记住的信息单位容量在5到9个之间，超过这个区间我们就很难记住了。

这个时候，你的内心会不会有这样的疑问：为什么对于很短的内容，我们基本上只要几秒钟就已经记下来了，而对于比较长的内容我们却发现自己很难记下来，或者在某一刻我们认为自己记住了，而转眼之间我们记了后面的忘了前面的。在科学上来说，这是由于记忆的后摄抑制或者是前摄抑制导致了我们记忆内容的遗忘。所谓的前摄抑制就是我们先前学过的内容对我们后面学习的内容产生了干扰，比如我们记了一个人的电话号码，后来这个人换了新号码，我们想给他打电话的时候总是会不自觉地想起他以前的那个号码，导致我们忘了他的新号码是什么。而后摄抑制就是我们后面学习过的内容对我们先前学过的内容产生了干扰。我们经常会有这样的感觉，在学习单词的时候，如果这个单词和我们以前学过的单词比较像，我们就可能会混淆这两个单词的意义，比如cap和cup，哪个是杯子，哪个是帽子呢？后摄抑制和前摄抑制其实就是我们所学习的信息之间互相产生了干扰，而信息的干扰也是发生遗忘现象非常重要的原因之一。如果我们在学习的时候知识与知识之间联系比较混乱，没有对知识进行整理，那我们在回忆搜索信息的时候就会比较困难，而如果我们在学习的时候能够将知识分门别类地进行整理，每一类信息都能放在大脑的某个区域里，在需要的时候我们只需要在对应的储存空间里找到自己想要的内容，就会发现回忆信息变得轻松了。我们可以把人类的大脑比喻成一座图书馆，如果图书馆里的书一堆堆地混在一起，我们很难找到想要看的书籍，或者说在找的过程中需要花费很长的时间；而如果图书馆里的书都是分门别类放在有一定排序的书架上的，当我们想要看经济类书籍的时候，我们直接到经济类书籍的架子上，我们就能很快地找到想要的书。所以，学会在学习的时候进行整理归纳非常关键。

第二节　注意力测试

注意力是指人的心理活动指向和集中于某种事物的能力。无论我们对哪一类知识进行学习，注意力都是非常重要的一项能力，我们只有在学习的时候保持注意力，学习才能达到事半功倍的效果。

在记忆的过程中，只有保持专注我们才能达到最好的记忆效果，如果在记忆的时候不能保持专注，记忆的效果就会大打折扣。在进行正式的记忆力训练之前，我们先一起来测试一下大家的注意力怎么样吧！

接下来这个测试工具叫作舒尔特表格，舒尔特表格是一个5×5的表格，我们在这个表格中随意地填上1~25的数字，测试者在测试的时候用手指按1~25的顺序指出表格上相应数字的位置，并用秒表给自己计时，看看自己数完这25个数需要多长的时间。

现在，拿出你的计时器，挑战，开始！

10	14	20	19	8
22	1	7	15	25
3	11	21	9	17
12	23	4	16	2
5	13	6	24	18

舒尔特方格评分标准，测试者数完 25 个数字所用时间越短，则表明注意力水平越高。在这个测试当中，会分出不同的组别，组别不同，对应的标准就不一样。

5~7岁年龄组：达到30 秒以下为优秀， 46~54 秒属于中等水平，55 秒以上则代表注意力比较不集中。

7~12 岁年龄组：能达到20 秒以下为优秀，注意力非常集中；36~44秒属于中等水平，注意力一般，45秒以上则表示注意力比较不集中。

12~14 岁年龄组：能达到 16秒以下为优秀，26~35秒属于中等水平，36秒以上注意力比较不集中。

18 岁及以上成年人：最好可达到 8 秒的水平，20秒左右为中等水平。

如果第一次的测试成绩不太理想，没有关系，我们可以经常进行舒尔特方格表的训练，训练得多了，我们所花的时间会越来越短，我们的注意力以及视幅都会得到一定的增强。如果你的注意力相对来说比较低，就可以通过这种训练去提高自己的注意力。当我们的注意力越来越集中的时候，记忆的效果也会越来越好。

下面，我准备了几个舒尔特表供大家训练：

24	7	14	23	6
2	13	1	15	5
18	8	12	21	25
19	4	16	3	11
9	17	20	10	22

21	7	17	6	23
16	2	12	22	13
4	20	8	5	25
18	3	15	9	14
10	19	11	1	24

21	2	15	23	24
7	8	22	3	20
13	1	9	17	10
6	12	16	4	19
14	5	11	18	25

25	2	19	11	22
12	17	7	15	3
6	20	1	24	21
13	8	23	16	9
5	18	14	4	10

注意力是学习的基础，也是在记忆的过程中非常重要的一项能力，如果一个人注意力相对较差，上课老爱走神，那么他在学习的时候能够记忆并吸收的知识是非常有限的。所以，如果我们经过测试发现自己注意力相对较差，就可以先做一系列的注意力训练来提高自己的注意力，这样我们才能在进行记忆的时候更加高效。

第三部分

记忆宫殿修炼手册

第六章　提升记忆力的基本功

在学习完前面的理论知识之后，接下来我们就将正式地进入记忆方法的学习。之前的内容当中我们也提到过，记忆术之所以比传统记忆方法更加强大，那是因为我们在进行记忆的时候是将要记忆的各种抽象信息转化成具体的图像去记忆，符合大脑的喜好。而记忆法，就是教我们如何将要记忆的知识在脑海当中转化成图片记住的方法。而在训练记忆的过程中你会发现，我们想象的画面越是天马行空、越是夸张，那么记忆的效果就会越佳。所以接下来我们会从基本的想象力以及两两联想开始学习。牢牢掌握住下面的基本功，后面的记忆方法掌握起来才会更加迅速和扎实。

第一节　想象力训练

爱因斯坦曾经说过一句话：想象力比知识更加重要，知识是有限的，而想象力概括着这世间的一切，推动着社会的进步与发展。如果没有古人对天空的想象，我们就不能制造出翱翔于天际的飞机；如果没有前人对未来的想象，我们就无法创造出一个又一个颠覆世界的发明。所以想象力其实在某种程度上推动着这个世界的进步，很多看似天马行空的想象在技术成熟的情况下都可以成为现实。不仅在学习中或者是在生活中我们都可以发挥天马行空的想象力，记忆的时候也是如此，运用我们的想象力去记忆信息的时候，记忆的印象会更加深刻。

神奇的想象力

人的大脑究竟对什么内容的印象会更加深刻呢？在日常生活和学习的过程中我们曾经记忆过很多内容，但是在回忆的时候我们却将这些东西都忘得差不多了。然而，生活当中发生的一些奇特的事我们却能够记得格外牢固，比如平常你见到的都是个子和你差不多的人，有一天你突然见到了一个两米多高的“巨人”，我相信哪怕很长时间过去了你对那个“巨人”也会有印象。再比如你曾经看到过一条狗在路上跑，你可能没什么印象，但是如果街上同时有100条狗朝你跑过来，我相信你一定会终生难忘。我们会发现，生活中我们看到的或者是经历过的一些奇特的事，大脑会记得更牢。我们在用记忆法进行记忆的时候其实也可以发挥自己的想象力，将想要记忆的信息转化成奇特的画面，这样我们就能够很牢固地将知识记忆下来。我们有以下几个方式去练习我们的想象力。

（一）夸张奇特

所谓的夸张就是我们在想象一个事物的时候可以从数量、形状、大小等各个方面去对原物体进行一定改变。具体如下。

1. 数量

在进行想象的时候我们可以从数量变多或者变少两个方面来进行改变，从而达到夸张的目的。

（1）一只蚂蚁爬到了大象的身上（平常）

夸张：成千上万的蚂蚁爬到了大象的身上，密密麻麻地爬满了

（2）在地上捡了一张一块钱（平常）

夸张：在地上到处都是一块钱，我捡了一万多张，书包都装不下了

自我练习：

（1）我吃了一颗糖

夸张：

（2）做了两个俯卧撑

夸张：

（3）修了一台手机

夸张：

2. 大小

当我们遇到一些物体的大小在生活中不常见的时候，我们的印象会非常深刻。比如：

（1）一辆巴士

夸张：一辆竖起来比全世界最高楼还高的巴士

（2）一只老鼠

夸张：一只能吃掉大象的巨大的老鼠

自我练习：

（1）一块小石头

夸张：

（2）一间小房子

夸张：

（3）一个玩偶

夸张：

3. 形状

生活中某些物品的形状非常奇特，会让我们的印象格外深刻。

（1）一辆普通的自行车

夸张：这辆自行车的轮胎是方形的

（2）他的鼻子很漂亮

夸张：他的鼻子像猪八戒的鼻子一样漂亮

自我练习：

（1）地球是圆的

夸张：

（2）一张桌子

夸张：

（3）一本书

夸张：

4. 速度

我们可以让物体的速度变快或者变慢。比如：

（1）有个人在跑步（平常）

夸张：有个人在高速公路上跑得比汽车还快

（2）我扔出去一支笔

夸张：我扔出去的这支笔以子弹般的速度飞了出去，并且穿透了墙壁

自我练习：

（1）蜗牛在爬

夸张：

（2）蜜蜂在飞

夸张：

（3）小猫在跑

夸张：

除了以上运用得比较多的夸张方式以外，其实还有其他很多夸张的方法可以帮助我们进行想象。比如我们像超人一样会飞，一只猪长出了翅膀，一支笔长出

了手和脚，等等。夸张是我们进行想象的时候经常会用到的一种方式，通过夸张想象记下来的内容一般都记得比较牢固。

（二）合二为一

当我们在联想两个相应的词语的时候，可以在脑海中用合二为一的方式让两个词语的图像联结，从而令记忆更加有趣。

比如：

（1）甜筒——蔬菜

想象甜筒的冰激凌部分变成了蔬菜

（2）苹果——牛仔裤

一个由牛仔裤做成的苹果

（3）鼠标——汽车

鼠标上有四个轮子，变成了汽车的模样

自我练习：

飞机——冰箱　　　　人——森林

书本——电视　　　　书包——鞭炮

桌子——飞毯　　　　鳄鱼——皮鞋

（三）与己有关

人对和自己有关的东西或者发生过的事情记得格外深刻，尤其是可以触动自己内心一些情绪的画面，比如引起恐怖、伤心、快乐、不安等情绪的场景。

例如：

（1）有人被打了一巴掌

与己有关：我被打了一巴掌（内心会很愤怒）

（2）有人从200楼摔了下去

与己有关：我从200楼摔了下去（内心会很恐惧）

自我练习：

（1）用拳头打破了一堵墙

与己有关：

（2）喝了一条河的水

与己有关：

（3）弹吉他划破了手

与己有关：

记忆法以想象力为根基，所有信息的记忆都是转化成图像通过想象能力将我们要记忆的信息记下来，所以想象力训练是记忆训练的核心与基础，想象能力越强、越夸张，记忆力也会越棒！所以想要自己有个良好的记忆能力，那么想象力的训练必不可少。常加练习想象力，记忆能力一定会越来越棒！

第二节 记忆基本功——两两联想大挑战

在我们学习记忆法的过程中，你会发现有一个非常重要的基本功我们必须掌握，那就是词语之间的两两联想。这个过程是在锻炼大脑的快速联想能力和想象力，可以用我们上面学习到的发挥想象力的方法去进行词语间的两两联想，这样你就能快速地将信息给记在脑海当中了。

词语之间的两两联想常用两种方式进行，第一种是通过逻辑理解的方式将词语记住，第二种方式就是通过想象联想的方式将词语记住。下面我们简单地讲解一下两种方式。

（一）逻辑理解

逻辑理解就是将我们要记忆的两个词语用理解的方式将它们记在脑海中。

比如：教室——水杯　　聪明——鱼　　缓慢——老虎

教室和水杯我们可以直接想到放在教室里的水杯，第二组可以想到一条聪明的鱼，第三组你可以想到跑得特别缓慢的老虎。接下来考考自己，将对应的词语写出来，看你写对了吗？

（　　）——水杯　　聪明——（　　）　　（　　）——老虎

将对应的词语简单地理解一下从而联系在一起的方式，就是逻辑理解，利用这种方式你会发现自己不需要怎么动用想象力也可以将词语记住。接下来我们就讲讲用想象来记住词语的方式。

（二）想象联想

想象联想的方式就是发挥我们的想象力，通过比较夸张的方式将我们要记住的词语联想在一起。

就比如以下词语，可以如何发挥想象力去将它们联想在一起并且牢牢记住呢？

杯子——猫　　电视——火箭　　蛇——汽车

这些内容我们都可以用上面学习到的夸张奇特、合二为一、与已有关等方法来进行联想，接下来每个对应的词语我们都可以用不同方法来联想。

1.杯子——猫

夸张奇特：一个比你还要巨大的杯子里关着一只猫

合二为一：杯子上贴了一只猫的图像

与已有关：我的杯子被猫舔了一口

上面的例子是不是都让你印象比较深刻呢？接下来我们继续举例，供大家进行参考学习。

2.电视——火箭

夸张奇特：电视里面飞出了一支火箭

合二为一：一架电视被改造火箭喷射发射出去了

与己有关：我家的电视被装到火箭上了

在实际的联想过程中大家会发现，自己运用得最多的方法其实还是夸张联想，因为我们可以随意地发挥自己天马行空的想象力，不受任何限制，只要能记住的图像就是好图像。

3.蛇——汽车

联想：一条巨大的蛇缠住了一辆汽车 一条巨蛇吞掉了一辆汽车

在联想的过程中，你的画面越是天马行空，越夸张，你就会记忆得越加牢固。那么接下来，我们就一起来做个小练习吧！！

1.铅笔——小树

联想：

2.武器——星星

联想：

3.垃圾桶——火狐狸

联想：

4.行李箱——冰箱

联想：

5.学校——天气

联想：

做完小练习之后相信你也已经基本掌握了两两联想的秘诀了，但想要把基本功掌握得更扎实，那我们就需要多加锻炼了。光说不练假把式，我们一起来训练吧！

第三节　实战训练

接下来开始进行实战练习，以下两两对应的词语我们可以用前面学习的方法来进行想象。比如瓜子——鞭炮，我们可以想象：我们把瓜子吃进嘴里，然后它像鞭炮一样炸开了。下面在记忆的时候给自己计时，看看自己要花多少时间吧！

1.记忆时间：

玉龙——香味	欧洲——辣椒
老板——自恋	布丁——生活条件
信——薄荷	雪碧——红花
迷你裙——自助餐	沙丁鱼——房屋
太阳浴——啤酒	袋鼠——影片
土拨鼠——石头	丁香——辣椒
普通人——夜莺	翻译——夹克衫
马——豆腐	章鱼——突破
烟香——美洲豹	速溶咖啡——玩具
三文鱼——鹦鹉	腊肠——饮料
香港——小草	主席——小鸟
犀牛——土司	薪水——家庭收入
小鱼——水瓶	汽车——竹子
加油——价值观	奶油——画眉
家庭——童工	工作效率——染发
鲸——铅笔	乌龟——护手霜
白蚁——鳄鱼	护发素——豪华
粉底——凤仙花	爱心——发胶
龙——笑话	更大——粟
拉链——沐浴露	卷发器——化妆

回忆：

——香味	——辣椒
老板——	——生活条件
信——	雪碧——
迷你裙——	沙丁鱼——

——啤酒	——影片
——石头	——辣椒
——夜莺	——夹克衫
马——	章鱼——
——美洲豹	速溶咖啡——
——鹦鹉	腊肠——
香港——	——小鸟
犀牛——	——家庭收入
小鱼——	——竹子
——价值观	——画眉
——童工	工作效率——
——铅笔	乌龟——
白蚁——	护发素——
粉底——	——发胶
龙——	——粟
——沐浴露	——化妆

2.记忆时间：

鱼——成功	蟹肉条——奴隶
国外——田地	影片——纽扣孔
加油——青椒	紧身女衫——小虾米
巧克力——武器	水手衫——榴莲
虾——领带	商人——大白菜
水果——浪费	旅途——放假
关灯——健康	鳕鱼子——V形领
工作——炸弹	睡衣裤——另外
毛衣——状况	死亡——山竹
运动——大马	功能——仙人掌
山——高尔夫	弹钢琴——踢踏舞
篮球——小树	开关——磨砂
云——茄子	机器——卡丁车
迪斯尼——溜溜球	奥秘——拉力赛
衣服——便装	棋类——围棋
派对——呼啦圈	灯丝——软水管
桑葚——秘密	追星——辣妹
不健康——电费	牙膏——帆船

逃避——变压器	旗袍——黑莓
洗发精——网吧	蹦极——手套

回忆：

鱼——	蟹肉条——
国外——	影片——
加油——	紧身女衫——
——武器	——榴莲
——领带	——大白菜
——浪费	——放假
关灯——	——V形领
工作——	——另外
毛衣——	死亡——
——大马	功能——
——高尔夫	弹钢琴——
——小树	开关——
云——	——卡丁车
迪斯尼——	——拉力赛
衣服——	——围棋
——呼啦圈	——软水管
——秘密	追星——
——电费	牙膏——
——变压器	旗袍——
洗发精——	蹦极——

3.记忆时间：

蛋卷——油桐籽	澳洲栗——昆士兰
品质——麻辣面	油豆腐——拖车
吉普车——急救车	经验——政权
乌鸫——纯咖啡	黑颈鹤——糯米饭
血浆车——可可	春卷——蛋炒饭
文凭——虾球	股份——教育部
模仿者——巨松鼠	露营车——天堂鸟
疟蚊——对话	狐鲣鱼——耶稣
刀削面——清障车	蜂蜜——保鲜奶
绿藻——甲虫	炼乳——短吻鳄

鮟鱇鱼——褐凤蝶	冬瓜茶——信天翁
滇金丝猴——高深	羊驼——下坡路
砀山梨——香草	精髓——公爵樱桃
因果——肉质果	鸡精——看法
水果刀——圣代	蟠桃——究竟
轮回——新约	金橘——对立
苏打水——茶包	鲜荔枝——枣
色彩——影响	红茶——起步
猕猴桃——冲突	网友——椰奶

回忆：

蛋卷——	——昆士兰
品质——	——拖车
吉普车——	——政权
乌鸫——	——糯米饭
——可可	——蛋炒饭
——虾球	股份——
——巨松鼠	露营车——
——对话	狐鲣鱼——
——清障车	蜂蜜——
绿藻——	炼乳——
鮟鱇鱼——	冬瓜茶——
滇金丝猴——	羊驼——
砀山梨——	精髓——
因果——	——看法
——圣代	——究竟
——新约	——对立
——茶包	——枣
——影响	——起步
猕猴桃——	——椰奶

第四节　记忆加速器——抽象转形象

在进行词汇两两联想的时候，你是不是发现有许多词语比较难想象出图像呢？比如看法、究竟、起步等词语。没错，这些词语就是抽象词。我们可以大致将所有的词语分成两大类：一类是**形象词**，一类是**抽象词**。在我最开始进行记忆力训练的时候，每次记忆新知识就会我发现一些容易出图的词语或句子记起来更加简单和轻松，比如“慈母手中线，游子身上衣”“故人西辞黄鹤楼，烟花三月下扬州”等。而一些非常抽象的词语和句子记起来所要花的时间就会更久，比如“势者，因利而制形也”“计利以听，乃为之势”等，对比之前的句子，你是不是觉得这两句会更难记？但是，如果我们能够掌握方法将这些抽象的句子转化成形象的画面，它们同样也会变得很好记。比如“计利以听，乃为之势”我们可以谐音成“激励一听，奶为芝士”，这样经过转化之后你是不是一下子就记住了呢？这就是记忆法里面提倡的化难为易，也叫作抽象转形象。相信在这个时候你内心一定会有疑问，这样经过转化之后的句子会不会让我在以后的默写或者背诵中发生错误并且让我误解句子的意思呢？答案是——不会，因为你的大脑其实远远比你想象的更高级，谐音记下来的内容大脑有能力复原为原文。当然，你用这种方式记忆之前一定要先理解原文的意思。这个问题就好比我们学会了驾驶汽车之后会不会忘记怎么骑单车了？当然是两种能力你都依然具备。在记忆的时候将理解和图像结合在一起，记忆的效率就能进一步提高。

通过这种方式，我们可以记住很多以前觉得很难记忆的古诗、文言文、复杂的信息等。抽象转形象是一把利剑，只要我们能够牢牢掌握这个基本功，那么在以后的记忆过程中就会达到事半功倍的效果。

形象词：看到这个词语的时候你能在脑海当中想象出它的画面并且在现实中找到它的形象的物体的词语，比如水杯、电视、大海、卫星等。一看到这些词语你是不是在脑海中就已经想象出了它们的图像了呢？并且在生活中你也能找出它们的身影。

抽象词：第一眼看到很难出图，并且在生活中也没有具体的形象的词语叫作抽象词，比如开心、难过、效率等词语。“开心”这个词语也许你能想象到一个开心的人的画面，但在现实生活中没有“开心”这个物体，所以它是一个抽象的词语。

了解完抽象词和形象词之后，你觉得哪一类词语更好记忆呢？没错就是我们的形象词了，因为它更容易出图。在记忆的过程中，遇到抽象的词语，我们可以想办法将它转化成形象的画面。转换的方法有以下几种：**谐音、代替和增减字**。我们可以用一句话来记住这三个信息，“鞋带增减”，“鞋”指的是谐音，“带”指的是代替，“增减”就是增减字。接下来我们具体地了解一下每一种方法的使用。

1. 谐音

概念：谐音就是将抽象的词语转化成与其拼音相似或者相同的形象的词语。比如“时政”可以谐音成为“时针”，交代可以转化成“胶带”，“经济”可以想到“金鸡”。

谐音法将词语抽象转形象是我们在记忆一些非常抽象的古文或者信息的时候常用的一种方法，牢牢掌握这种方法，那么你在记忆的过程中就会记得更加快速，更加高效。但同时，谐音法对我们在短时间内进行抽象转形象的联想能力要求较高，也需要我们有一定的知识积累。那如何做到遇到一个抽象词语就能快速想到和它谐音的词语呢？很简单，我们可以通过看拼音填汉字的方式来联想。

比如“非常”，如果一时想不到这个词的谐音，我们可以将它的拼音写下来“feichang”，接着在下面的空格中填上你能想到的汉字（　　）。

如果这样还想不到，我们可以拿出自己的手机，打出“feichang”，就会出

现 “肥肠”，这样就借助电子设备完成了谐音转换。那么接下来，我们一起来练习一下吧！

谐音法练习：

将下面的抽象词在其后的格子中转化成形象词

抽象	形象	抽象	形象
进行		恐怖	
效率		惊吓	
凝结		珍惜	
价值		危机	
加强		幸福	
真相		研究	
背景		贸易	

答案参考

抽象	形象	抽象	形象
进行	金星	恐怖	（有）孔（的）布
效率	小驴	惊吓	镜匣
凝结	宁姐	珍惜	枕席
价值	架子	危机	喂鸡
加强	假枪	幸福	新（衣）服
真相	真（大）象	研究	烟酒
背景	倍镜	贸易	毛衣

谐音转化在记忆法里面是很基础并且很重要的一项能力，学习上的很多科目都可以通过这种方法来进行记忆。比如：

（1）历史记忆。

八国联军侵华的八个国家：俄国、德国、法国、美国、日本、奥地利、意大利、英国，简写成俄、德、法、美、日、奥、意、英。

谐音成一句话你就可以一秒记住：**饿的话每日熬一鹰。**

（2）物理记忆。

物理有个电功的公式：W=UIT，我们可以谐音记成“大不了又挨踢”。

电流公式：I=Q/T，可以谐音成“爱神丘比特”。

（3）英语单词记忆。

Ambulance救护车　救护车上有个人喊着“俺不能死”

Ambition志向　我们要有“俺必胜”的志向

……

2.代替

概念：代替指的是可以用和这个抽象词语相关的形象的画面去进行替换。比如看到“力量”这个词语的时候，你可能在脑海中想到一个“超人”，看到“速度”的时候你在脑海中可能会想到一辆“跑车”。这就是代替的方法，看到抽象词语的时候你脑海中第一时间联想到的和这个词语相关的形象的画面。代替的方法不受局限，可以想到的形象的画面可以有很多。接下来我们一起来练习一下吧！

代替法：

抽象	形象	抽象	形象
开心		对抗	
悲伤		命运	
对抗		文化	
纤细		替换	
物理		感动	
生命		自信	
惶恐		责任	

替换法是比较不受限制的方法，只要你能在脑海中想到和这个词语有关的图像就可以。比如“开心”，你可以想到一个开心的人的图像，“对抗”可以想到拳击台上的两个人正在进行对抗，“文化”可以想到一个古人正在看书的画面。根据这个词语在脑海中想象与之相关的图像，这就是替换的方法。

3.增减字

概念：通过将抽象词增加或者减少一个字的方式让这个词语变成形象的画面，比如“保证”增加一个字可以想到“保证书”，“信用”这个抽象的词加上一个字就可以变成“信用卡”，“自动”加字可以变成“自动门”“自动手枪”“自动机器人”等。

以上三种就是我们在抽象转形象的过程中常用的方法，抽象转形象在记忆训练中是非常重要的能力和基础，我们需要牢牢掌握这个基础，只有这样，你在后面学习记忆古文以及其他内容的时候才能更轻松、更快速地将我们要记忆的知识记忆下来。

第五节　基本功的实战运用

之前我们已经提到过两两联想和抽象转形象都是我们记忆法的基础，那么掌握完这些方法之后对我们的学习有哪些帮助呢？比如学习当中很多内容我们都可以通过这种方式来记忆。

在地理的学习中，我们需要记住国家及其对应的首都，比如马来西亚（吉隆坡）、巴基斯坦（伊斯兰堡）、越南（河内），对于这三个国家我们如何运用两两联想和抽象转形象来记住其对应的首都呢？

1.马来西亚——吉隆坡

我们可以想到一匹**马来洗牙**，它看见一个**鸡笼**之后把鸡笼咬**破**了。

2.巴基斯坦——伊斯兰堡

爸爸**急**着**撕**烂了**坦**克，阿**姨**接着**撕烂**了个汉**堡**包。

3.越南——河内

一个月亮上的男人掉进了河内。

接下来看看自己记住了吗?

越南——（　　　）

巴基斯坦——（　　　）

马来西亚——（　　　）

下面我们就以学习中必须记忆的内容作为练习对象，训练一下自己的两两联想以及抽象转形象的能力，以下内容在记忆过程中可以给自己计时，不需要一次记完，每次训练只记20个。看看你需要多长时间将它们记下来吧!

各国国名及首都

中国（北京）	老挝（万象）	伊朗（德黑兰）
韩国（首尔）	菲律宾（马尼拉）	约旦（安曼）
朝鲜（平壤）	阿塞拜疆（巴库）	沙特阿拉伯（利雅得）
日本（东京）	格鲁吉亚（第比利斯）	阿联酋（阿布扎比）
印度（新德里）	亚美尼亚（埃里温）	阿曼（马斯喀特）
泰国（曼谷）	塔吉克斯坦（杜尚别）	科威特（科威特城）
斯里兰卡（科伦坡）	土库曼斯坦（阿什哈巴德）	以色列（法定首都耶路撒冷，实际首都亚特拉维夫-雅法）
缅甸（内比都）	新加坡（新加坡）	
孟加拉国（达卡）	马尔代夫（马累）	
不丹（廷布）	文莱（斯里巴加湾）	也门（法定首都萨那，临时首都亚丁）
阿富汗（喀布尔）	东帝汶（帝力）	
柬埔寨（金边）	印度尼西亚（雅加达）	巴勒斯坦（法定首都耶路撒冷，实际首都拉马拉）
尼泊尔（加德满都）	伊拉克（巴格达）	

卡塔尔（多哈）	捷克（布拉格）	马耳他（瓦莱塔）
巴林（麦纳麦）	斯洛伐克（布拉迪斯拉发）	安哥拉（罗安达）
叙利亚（大马士革）	葡萄牙（里斯本）	埃塞俄比亚（亚的斯亚贝巴）
黎巴嫩（贝鲁特）	斯洛文尼亚（卢布尔雅那）	埃及（开罗）
蒙古（乌兰巴托）	土耳其（安卡拉）	中非（班吉）
塞浦路斯（尼科西亚）	丹麦（哥本哈根）	几内亚（科纳克里）
哈萨克斯坦（努乐苏丹）	卢森堡（卢森堡市）	几内亚比绍（比绍）
乌兹别克斯坦（塔什干）	西班牙（马德里）	博茨瓦纳（哈博罗内）
英国（伦敦）	圣马力诺（圣马力诺）	布基纳法索（瓦加杜古）
法国（巴黎）	匈牙利（布达佩斯）	马达加斯加（塔那那利佛）
波兰（华沙）	列支敦士登（瓦杜兹）	马里（巴马科）
瑞士（伯尔尼）	冰岛（雷克雅未克）	马拉维（利隆圭）
瑞典（斯德哥尔摩）	安道尔（安道尔城）	刚果民主共和国（金沙萨）
意大利（罗马）	芬兰（赫尔辛基）	赤道几内亚（马拉博）
德国（柏林）	俄罗斯（莫斯科）	冈比亚（班珠尔）
摩纳哥（摩纳哥）	乌克兰（基辅）	贝宁（波多诺伏）
拉脱维亚（里加）	白俄罗斯（明斯克）	毛里求斯（路易港）
希腊（雅典）	摩尔多瓦（基希讷乌）	毛里塔尼亚（努瓦克肖特）
阿尔巴尼亚（地拉那）	立陶宛（维尔纽斯）	黑山（波德戈里察）
挪威（奥斯陆）	爱沙尼亚（塔林）	乌干达（坎帕拉）
塞尔维亚（贝尔格莱德）	北马其顿（斯科普里）	布隆迪（布琼布拉）
保加利亚（索非亚）	克罗地亚（萨格勒布）	卢旺达（基加利）
荷兰（阿姆斯特丹）	梵蒂冈（梵蒂冈城）	乍得（恩贾梅纳）
爱尔兰（都柏林）	比利时（布鲁塞尔）	尼日尔（尼亚美）

尼日利亚（阿布贾）

加纳（阿克拉）

加蓬（利伯维尔）

圣多美和普林西比（圣多美）

吉布提（吉布提）

多哥（洛美）

苏丹（喀土穆）

利比亚（的黎波里）

利比里亚（蒙罗维亚）

佛得角（普拉亚）

阿尔及利亚（阿尔及尔）

纳米比亚（温得和克）

坦桑尼亚（多多马）

肯尼亚（内罗毕）

南非（比勒陀利亚）

科摩罗（莫罗尼）

津巴布韦（哈拉雷）

突尼斯（突尼斯）

莱索托（马塞卢）

莫桑比克（马普托）

索马里（摩加迪沙）

喀麦隆（雅温得）

塞内加尔（达喀尔）

塞舌尔（维多利亚）

塞拉利昂（弗里敦）

摩洛哥（拉巴特）

赞比亚（卢萨卡）

斯威士兰（姆巴巴内）

刚果共和国（布拉柴维尔）

美国（华盛顿）

加拿大（渥太华）

秘鲁（利马）

海地（太子港）

萨尔瓦多（圣萨尔瓦多）

智利（圣地亚哥）

古巴（哈瓦那）

尼加拉瓜（马那瓜）

巴哈马（拿骚）

巴拿马（巴拿马城）

玻利维亚（法定首都苏克雷，政府、议会所在地拉巴斯）

洪都拉斯（特古西加尔巴）

厄瓜多尔（基多）

牙买加（金斯敦）

乌拉圭（蒙得维的亚）

巴巴多斯（布里奇敦）

圣卢西亚（卡斯特里）

圭亚那（乔治敦）

危地马拉（危地马拉城）

多米尼加（圣多明各）

墨西哥（墨西哥城）

哥伦比亚（波哥大）

安提瓜和巴布达（圣约翰）

苏里南（帕拉马里博）

伯利兹（贝尔莫潘）

阿根廷（布宜诺斯艾利斯）

委内瑞拉（加拉加斯）

哥斯达黎加（圣何塞）

澳大利亚（堪培拉）

新西兰（惠灵顿）

斐济（苏瓦）

汤加（努库阿洛法）

图瓦卢（富纳富提）

所罗门群岛（霍尼亚拉）

如果上面所有的国家以及对应的首都你都已经练习过并且记下来了，那么恭喜，你的抽象转形象以及两两联想的能力已经得到了飞跃，并且你的基本功也已经很扎实了。当上面的内容你都能很轻松地联想并且记忆的时候，你再面对学习当中其他知识点进行记忆就会更加轻松了。

语文当中我们也会有两两对应的知识点需要进行记忆，比如记住以下作家的雅号，作为课后练习大家可以自己尝试一下。

1.至圣—孔子

2.亚圣—孟子

3.书圣—王羲之

4.画圣—吴道子

5.文圣—欧阳修

6.茶圣—陆羽

7.药圣—李时珍

8.草圣—张旭

遮住上面，考考自己：

6.茶圣—

3.书圣—

5.文圣—

8.草圣—

1.至圣—

2.亚圣—

4.画圣—

7.药圣—

其余学科当中的知识点我们也可以用这种方法进行记忆，来尝试记记看。

1.沅江发源地是贵州

2.阿尔卑斯山脉最高峰是勃朗峰

3.孟德尔发现遗传学定律

4.西游记中的火焰山是今天的吐鲁番盆地

5.法拉第发现电磁感应定律

考考自己：

1.沅江发源地是________

2.阿尔卑斯山脉最高峰是________

3.孟德尔发现________定律

4.西游记中的火焰山是今天的________

5.________发现电磁感应定律

第七章　记忆三大绝学

在语文学习中，每篇课文后面都有需要记忆的重点词语，这些词语放在课文中是有关系的，但是随机放在一起就显得枯燥无味了。怎样把一堆词语都记住，并且能按顺序回忆出来呢？通过这一节，你会发现记忆变得简单又好玩，词汇记忆是记忆训练的基本功，一起来试试吧！

首先，先做一组记忆小测试，通过前面的学习，你能记住多少呢？

接下来给你16个词语，给你一分钟时间，看能记下来多少。好的，准备个秒表倒计时，好了吗？现在开始吧。

测试：

自行车	奖杯	火炬	帆船
大象	长颈鹿	乌龟	钢琴
螃蟹	电吹风	树叶	蝴蝶
恐龙	溜冰鞋	沙发	鳄鱼

（1分钟倒计时）

时间到！不知道同学你能记下来几个呢？刚刚记忆的词语，看看你能按顺序回忆出来多少个。

也许你只记忆了一小部分，但是，你能完全记忆正确吗？我教过很多学生，刚开始他们都说这个太难了，不可能记住的。但是不用担心，接下来要学习用**连锁想象法**记忆这些词语，就是将资料转化成图像，像锁链一样，所有的资料都会两两相连，可以顺序不乱而准确地记忆下来。就这么简单！我相信在老师讲完一遍之后，你肯定能够记住这些词语！

在接下来的讲解过程当中，当老师讲一个词语的时候，希望各位同学能在脑中想象出来对应的图像。举个例子，我说自行车的时候，你就想象一下自行车的样子，可以是你现在骑的自行车，可以是门口的小黄车、小蓝车，老式的二八自行车，等等；讲到奖杯这个词，可以想象金色的奖杯、水晶奖杯或者圣杯的样子等。就是这样，接下来想象的过程是非常有意思的。

第一个词语是自行车，好，来想象一下，今天你很开心地骑着一辆帅气的**自行车**，你为什么这么开心呢？因为你刚刚在自行车比赛当中获得冠军，拿到了一个大大的**奖杯**。但是奖杯里突然冒火了，着火之后的奖杯，就成了**火炬**，你举着火炬参加了**帆船**比赛，在比赛当中，你不小心撞到了一头正在海里游泳的**大象**，大象有点生气，它上岸去找了**长颈鹿**诉苦，长颈鹿安慰了大象并送它一张演唱会门票，这样它就可以去看**乌龟**大师的演唱会了，乌龟大师可厉害了，不仅唱歌唱得好，还会弹**钢琴**，也弹得很好听。舞台上有一排**螃蟹**，排着队，在舞台上横着走，它们在跳着舞，它们手上都夹着一个**电吹风**，都拿着电吹风在吹着什么东西呢？在吹着很多的**树叶**。树叶在空中，随风飘扬，翩翩起舞，吸引来了许许多多的**蝴蝶**，从四面八方飞过来一起在舞台的上空跳舞，瞬间，台下的观众也被点燃热情一起舞蹈。跳完舞的蝴蝶们，飞累了都去找**恐龙**，让它做保镖护送它们回家。恐龙穿着一双**溜冰鞋**，滑起来很快，很快就把蝴蝶们都送回了家。送回家之后，它们很累，就躺在自己的**沙发**上休息，很快就睡着了，在梦里蝴蝶梦见了凶恶的**鳄鱼**在追自己，就给吓醒了。

好了，故事就到这里，接下来请同学们回忆一下刚刚讲的故事，看看是不是顺便也把词语都记住了呢？没有记住的同学可以重新看一下上面的故事。

现在我提问一下，记得电吹风吹出来了什么？大象去找谁诉苦？火炬的后面是什么？钢琴的前面什么？沙发的前面呢？沙发的后面是什么？

你相信吗，好好按照上面编写锁链故事的方法记忆知识，你不仅可以抽背还可以倒背如流。

下面我们就一起系统地学习一下这种好玩又有效的方法吧！

第一节　连锁想象法

概念：连锁想象法就是将我们要记忆的知识点像锁链一样一个个串联在一起，并且两两图像之间用一个动作进行联结从而实现快速记忆的方法。

接下来要讲一下**连锁想象法**的重点哦！这里面有些非常重要的规则需要注意：

第一，一个信息一个具体图像，这是最重要的，学习的就是图像记忆。刚开始慢点没有关系，但是不要偷懒，一定要自己去想象哦，从现在开始，把这个过程称为出图，重要的事情说三遍，出图、出图、出图。

第二，图像两两相连并接触，比如乌龟弹钢琴、螃蟹夹着电吹风、恐龙穿着溜冰鞋，这些短句中词语两两相连，相互关联，联系紧密。换一种描述方式，比如乌龟旁边有钢琴、螃蟹右边有电吹风、恐龙前面有溜冰鞋，这些可以吗？不行的，因为词语不相关，两两之间的关联性不好。所以锁链故事中，词语联系要尽可能地紧密相关，有接触。

第三，词汇跟词汇之间一般使用动词联结，比如乌龟弹钢琴、螃蟹夹着电吹风、恐龙穿着溜冰鞋，用的是弹、夹、穿等动词，这样一来，词汇之间的联结才会有接触。

第四，记和忆用同一个图像，也就是同一个词汇记忆跟回忆用的是同一个图像，包括同一个词汇以后固定都用同一个图像。

通过这样的方法，相信你可以很快掌握记忆法，为后面的学习打下坚实的基础。当然，刚开始学习会有点慢，不用担心，一步一步地加油。

下面我们一起来试着记忆一下，再来一组：

钥匙	鹦鹉	球儿	尿壶	山虎
芭蕉	气球	扇儿	妇女	饲料
河流	石山	妇女	扇儿	气球

运用连锁想象法我们需要在脑海中构建动画，可以这么记忆，想象手里拿着钥匙戳到了鹦鹉，鹦鹉吓到了，踢飞了球儿，球儿砸到了尿壶，尿壶很臭，熏跑了山虎，山虎在吃芭蕉，芭蕉里面长出很多气球，气球下面挂着扇儿，扇儿在妇女手里拿着，妇女在吃饲料，饲料吃不完，倒入河流，河流冲垮石山，石山压倒一个妇女，妇女拿一把扇儿，用扇儿扇一颗气球。

好了，接下来回忆一下，钥匙戳到什么？鹦鹉踢到什么？球儿砸到了什么？一个一个回忆看能不能回忆出来。

能够正背，相信你也可以倒着背诵，来试一下，气球前面是什么？扇儿前面是什么？妇女前面是什么？……鹦鹉前面是什么？很棒，其实你刚刚不止背诵了15个词汇，而且还背诵了30个数字，我们来看看是哪些数字：

钥匙	鹦鹉	球儿	尿壶	山虎
14	15	92	65	35
芭蕉	气球	扇儿	妇女	饲料
89	79	32	38	46
河流	石山	妇女	扇儿	气球
26	43	38	32	79

这些数字有些是跟词汇的发音很接近的，比如14读起来跟钥匙接近，15跟鹦鹉很接近；还有根据意思来定义的，比如38为什么是妇女呢，因为3月8号是妇女节。先熟悉下这些词汇转换成的数字，我们称这些为数字编码，给自己几分钟时

间熟悉一下上面的数字编码吧。

熟悉编码之后，我们来回忆一下刚刚这些数字按照词汇的顺序是什么，我们可以先回想词汇是什么，钥匙，钥匙对应的数字编码是什么？第二个词汇鹦鹉，鹦鹉对应的数字是什么？……最后一个词汇气球，对应数字是什么？

恭喜各位，成功记下30个数字，有些同学会发现这些数字怎么那么熟悉，对的，这30个数字就是圆周率小数点后30位，我们用比较熟悉的词汇来对应比较难记忆的数字，这样无规律的数字就变得简单了。词汇你能够倒着背，那么数字也是一样可以的，不过现在你可以先按照顺序快速地背诵下来，再来挑战倒着背诵哦，这样会更加容易。如果你正背可以很流利，那么请挑战一下倒着背吧。

下面再来一组词汇，这一次你自己来试试记忆。

武林（盟主）	恶霸	巴士	衣钩	鸡翼
太极	三角尺	旧伞	西服	棒球
尾巴	香烟	旧旗	湿狗	蛇

总结：连锁想象法就是把每一个词对应的图像，想象在大脑里面，再跟下一个词语进行联结，中间使用动词来做联结，一环接着一环，这就是这节要学习的方法，不知道你学会了吗？

思考：再来想一想，为什么要记忆词语呢？

第一，要打好基础，记忆词语就相当于学数学首先需要学公式一样，就像学英语要从单词开始学起一样。因为绝大多数人是不可能一下子记住16个词语的，就算花费15分钟也记不住。即便记得一些，顺序也会乱，很容易就会忘记，更不可能倒背如流。而现在只要一遍就能记住，这就直接体现出记忆最大的优势，更是改变大脑认知思维的起点。

第二，记忆学习是一个循序渐进的过程，首先要学会记忆词语，然后才记短句，然后长句，再然后记忆古诗，最后才是记忆文章。不要着急，先打好基础，一步一步来。不积跬步，无以至千里；不积小流，无以成江海。

第三，如果一上来就让你背很多很多的东西，那么你的心情是非常非常抗拒的，因为任何人都不想背，不想读。所以现在开始，正确地引导记忆学习，那么你之后的记忆就会很轻松。

第二节　故事联想法

我们要来学习另外一种记忆方法——**故事联想法**。顾名思义，故事联想法是把我们要记忆的对象编成一个故事来记忆。它的规则就是需要我们把故事想象得简洁、有趣、生动、形象，这样才容易记忆。接下来我们先来看看上一节的作业吧。

武林（盟主）	恶霸	巴士	衣钩	鸡翼
太极	三角尺	旧伞	西服	棒球
尾巴	香烟	旧旗	湿狗	蛇

我们用这些词汇来编一个小故事吧。想象武林盟主跟恶霸打架，恶霸打输了逃到巴士上面，巴士上面挂着很多衣钩，衣钩上插着很多鸡翼，恶霸拿鸡翼去吃，吃饱了就打一下太极，抓到三角尺，插到了一把旧伞上面，这时候恶霸穿起西服要去打棒球，突然棒球打到狐狸的尾巴，恶霸抽起香烟，不小心香烟又点燃旧旗，旧旗烧到了一只湿狗，湿狗吓到，咬了一条蛇。

好了，接下来回忆一下，刚刚这个故事是什么呢，谁跟谁打架？恶霸打输了逃到哪里？巴士上面有什么？……一个一个回忆看能不能回忆出来。再多熟悉几遍，哪里觉得不是很清楚可以再复习一下故事。

能够正背，相信你也可以倒着背诵，来试一下，蛇前面是什么？湿狗前面是什么？旧旗前面是什么？……恶霸前面是什么？很棒，同样的，你刚刚不止背诵了15个词汇，而且还背诵了30个数字，我们来看看是哪些数字。

武林（盟主）	恶霸	巴士	衣钩	鸡翼
50	28	84	19	71
太极	三角尺	旧伞	西服	棒球
69	39	93	75	10
尾巴	香烟	旧旗	湿狗	蛇
58	20	97	49	44

同样，这些数字大部分都是跟词汇的发音很接近的，比如50读起来跟武林接近，28跟恶霸很接近。还有几个可能同学们不是很清楚为什么这么定义，我们来看下，太极为什么是69，棒球为什么是10，同学们可以看太极与“69”、棒球与“10”的形状是不是很像，这两个数字就是从形状去入手定义的。我们再来看看香烟为什么是20，一包香烟有20根，蛇为什么是44，蛇的发出的声音是嘶嘶，跟44是很接近的，所以这两个数字我们是从意义上面去定义的。

接下来熟悉一下这些词汇转换成的数字编码。熟悉好了，我们来回忆一下刚刚这些数字按照词汇的顺序是什么，我们可以先回想词汇是什么，武林，武林对应的数字编码是什么？第二个词汇恶霸，恶霸对应的数字是什么？……最后一个词汇蛇，对应数字是什么？

恭喜各位同学，记下30个数字，现在同学们已经记忆下了圆周率小数点后60位了。通过熟悉的词汇来记忆比较难记忆的数字，以熟记新，我们会更加容易记忆。同样我们先熟悉正背，按照顺序快速地背诵下来，再来挑战倒着背诵哦，这样会更加容易。如果你正背可以很流利了，那么请挑战一下倒着背吧。

相信你已经发现了，我们记忆的词汇其实也是数字，而这些词汇其实就是我们记忆数字的秘密武器，叫作**数字编码**。

想要快速记忆随机数字，我们就得先了解什么是数字编码。

在记忆方法里面，我们通常把要记住的无意义信息通过编码记忆下来，前面我们学习了通过想象提高记忆力，那遇到无意义的数字，我们应该怎么高效记忆下来？记忆大师又是如何做到随机采集数字，很快把它们全部记忆下来的？

数字编码就是把数字编写成生活中常见的物品，编码是“确定代码”和“编辑代码”两个过程的总和。通常我们采用的是两位数编码，因为多位数编码需要耗费比较长时间熟悉编码，这里我们来学习两位数编码，也就是00~99的编码。

该如何创建自己的编码。

通常情况下，我们都是参照记忆大师的编码，然后不合适的换成自己喜欢的，这样就创建了属于自己的一套编码。

制定编码的技法，主要有谐音法（常见）、象形法、意义法、转换法、强加法等，以及上述这些方法的综合应用。

谐音法：16→石榴 66→溜溜球 95→酒壶

象形法：10→棒球杆和棒球 11→筷子

意义法：09→猫（猫有九条命） 24→闹钟（一天24h）

转换法：二进制010 100→二进制转十进制→24

强加法：现在一些记忆选手十分推崇编码不要采用谐音法，而采用无关联的图片，这样做的目的是为了减少后期会出现的音读现象，有利于提升记忆速度。无关联的图片就是强加关联的，熟悉了之后则看到数字就立即出图了。这样的做法“仁者见仁智者见智”，采用谐音法后期确实需要采取一定的措施来消音，但是在前期熟悉编码的速度非常快，而强加关联的话熟悉的速度就会慢很多，不过在水平没那么高的情况下二者记忆的速度是基本没有差异的。所以竞技选手们要根据自己的情况来做出选择。

第一部分，因为数字0和1组成树，所以编码01为小树；04是车轮子有四个，编码为轿车；05手套，手套五个手指套；06是形状像手枪；07也是形状类似锄头；08是八个轮子，编码成滑冰鞋；09是猫有九条命；10、11根据形状编码为棒球和筷子；20是香烟一包20根；22就像一对双胞胎；24是一天24小时，编码成闹钟；其余部分均是根据谐音编写的编码。我们先挑战把01~25的数字编码记熟：

01小树	02铃儿	03三角凳	04轿车	05手套
06手枪	07锄头	08滑冰鞋	09猫	10棒球
11筷子	12椅子	13医生	14钥匙	15鹦鹉
16石榴	17仪器	18腰包	19衣钩	20香烟
21鳄鱼	22双胞胎	23和尚	24闹钟	25二胡

第二部分：

26河流	27耳机	28恶霸	29饿囚	30三轮车
31鲨鱼	32扇儿	33星星	34三丝	35山虎
36山鹿	37山鸡	38妇女	39三角尺	40司令
41蜥蜴	42柿儿	43石山	44蛇	45师傅
46饲料	47司机	48石板	49湿狗	50武林（盟主）

第三部分：

51工人	52鼓儿	53乌纱帽	54巫师	55火车
56蜗牛	57武器	58尾巴	59蜈蚣	60榴莲
61儿童	62牛儿	63流沙	64螺丝	65尿壶
66蝌蚪	67油漆	68喇叭	69太极	70冰激凌
71鸡翼	72企鹅	73花旗参	74骑士	75西服
76汽油	77机器人	78青蛙	79气球	80巴黎（铁塔）

第四部分：

81白蚁	82靶儿	83花生	84巴士	85宝物

86八路　87白棋　88爸爸　89芭蕉　90酒瓶

91球衣　92球儿　93旧伞　94首饰　95酒壶

96旧炉　97旧旗　98球拍　99玫瑰花　00望远镜

需要注意的是，记忆编码过程中我们可能会对一些编码感觉别扭，不是特别好用，你也可以自己进行更换，例如35联想为山虎，也可以是珊瑚，还可能是山狐……那我们就需要确定一下到底需要使用哪个代码，另外对编码进行“活化训练”，例如变大、变小、旋转、变色，留意编码的材质、手感、重量等。这能加深对编码的认识，同时为形成感觉记忆打好基础。

讲解：为什么需要数字编码？

每个记忆项目经过分析都是有基本元素存在的。如同学习英语单词前我们要学习26个英文字母一样，熟悉了基本元素对于掌握元素间的组合是很有帮助的；像在前面我们学习了圆周率前面60位，就是数字编码，也就是记忆大师呈现的记忆天文数字的基本元素，需要我们认真掌握。

另外一个原因是竞技的需求。竞技要求“更快”“更多”“更准”，对速度的要求会促使你思考一套能固定的体系，通过大量训练使自己非常熟悉这个体系，从而不需要在赛场上临时去联想记忆。

下面尝试运用数字编码利用联想故事法记忆一下数字：

14　25　36　42　65　70　41　98　77　50

科普：竞技项目中编码有哪些类别？

竞技编码大体分为四类：

纯数字编码：涉及快数、马数、二进制数字项目。

纯图形编码：涉及抽图、具图、快扑、马扑项目。

纯文字编码：涉及随机词汇项目。

组合编码：涉及虚拟历史事件（文字+数字），人名头像（图像+文字），听记数字（数字/音码）。

创建编码的原则

1.特征明显

编码的最重要原则就是特征明显。这里有两层意思：一是轮廓明显，我们实际记忆过程中，脑海中出现的图片很难勾勒细节，大部分是编码的轮廓。如果特征不明显，就根本就不知道出的是什么编码。二是差别明显，一个编码和另外一个编码必须要有很明显的差异，这样才不会在回忆的时候出现混乱。

2.适用自己

别人觉得好用的编码不一定适合自己，记忆大师的编码都是独一无二的，我们需要创建适合自己的编码。在创建编码的同时，需要我们不断探索和优化。在竞技训练中，选择适合的编码是取得好成绩的关键。

创建编码的注意事项

1.颜色忌灰黑

编码整体不宜采用灰色或黑色，这是源于大部分人的大脑出图环境是灰黑色的，如果出灰色或黑色的图，会就被环境“消融”掉。

拓展：那编码是不是颜色越鲜艳、越丰富越好呢?

要遵循适度原则。大部分人出图只有轮廓，对于色彩是不敏感的，很多人甚至出图没有颜色。对于颜色的过度关注反而会造成我们对图像的关注度不够，当然对于色彩很敏感的人有优势，出颜色会加强画面的丰富感从而更有利于记忆。

2.编码忌过大或过小

如果一个编码过大过小，会在出图的时候要么占据太大空间从而看不到背景或其他编码，要么是太小编码本身看不清。

在与其他编码交互的时候需要刻意地去缩小或放大，会打乱记忆的节奏，而且放大和缩小这种动作本身可能会对你的记忆产生影响，这种影响来源于逻辑认知。

拓展：那如果选的编码就是比较大或比较小的呢？

可以将编码想象或换成大小适中的图片，这样的话心理影响就会减轻。

3.编码忌不和谐

有的选手的编码或者动作不和谐，认为这样对大脑刺激更强烈，从而可以记忆得更清楚。我们不赞同这种做法，因为记忆训练的量是非常大的，如果脑海里充斥着这种不和谐的东西，会对思想乃至行为产生潜在的影响。

4.编码忌人物过多

采用人物编码是一个争议点，PAO系统就有很多人物，但是人物的轮廓是很相似的，在快速记忆过程中不容易区分。两种解决方法：一是找人物特征很不相似的，二是给人物配上其他特征性的物品。

5.编码忌主体不明确

我们创建了编码后，会经常查看编码图片来进行熟悉，因此对图片本身就有一定的要求。非常重要的要求就是主体明确，我们看到的最好只有编码本身，而不掺杂其他东西。最好是高清的图片，最好是无背景的图片，这样我们对编码的整体把握就不会受到干扰。

下面我们就一起来把数字编码背下来吧！

数字编码表

1	2	3	4	5	6	7	8	9	0
蜡烛	鸭子	三角凳	帆船	秤钩	汤勺	镰刀	滑冰鞋	口哨	呼啦圈
01	02	03	04	05	06	07	08	09	10
小树	铃儿	耳朵饼	轿车	手套	手枪	锄头	蜗牛娃	猫	棒球
11	12	13	14	15	16	17	18	19	20
筷子	椅子	医生	钥匙	鹦鹉	石榴	仪器	腰包	药酒	香烟

续表

21	22	23	24	25	26	27	28	29	30
鳄鱼	双胞胎	和尚	闹钟	二胡	河流	耳机	恶霸	饿囚	三轮车
31	32	33	34	35	36	37	38	39	40
鲨鱼	扇儿	星星	三丝	山虎	山鹿	山鸡	妇女	三角尺	司令
41	42	43	44	45	46	47	48	49	50
蜥蜴	柿儿	石山	蛇	师傅	饲料	司机	石板	湿狗	武林
51	52	53	54	55	56	57	58	59	60
工人	鼓儿	午餐	武士	火车	蜗牛	武器	尾巴	五角星	榴莲
61	62	63	64	65	66	67	68	69	70
儿童	牛儿	流沙	螺丝	尿壶	蝌蚪	油漆	喇叭	太极	冰激凌
71	72	73	74	75	76	77	78	79	80
鸡翼	企鹅	花旗参	骑士	西服	汽油	机器人	青蛙	气球	巴黎
81	82	83	84	85	86	87	88	89	90
白蚁	靶儿	花生	巴士	宝物	八路	白棋	爸爸	芭蕉	酒瓶
91	92	93	94	95	96	97	98	99	00
球衣	球儿	旧伞	首饰	酒壶	旧炉	旧旗	球拍	玫瑰花	望远镜
数字编码原则：1）形1：蜡烛等；2）谐音：25二胡等；3）逻辑：38妇女，99玫瑰花，示爱经常用99朵玫瑰花；4）声音：44“蛇”发出的声音。									

第三节　定位地点法

学习完上面的方法之后，相信你心中一定会有疑问，用故事法记忆起来虽然快，但如果我在记忆的时候要记的内容特别多或者特别长的时候，编故事会不会混淆呢？答案是，会的。故事法仅仅适用于信息量比较少的内容的记忆，而一旦要记的内容特别多的时候，我们就需要用到其他方法了。下面要学习的方法就是专门针对大量知识记忆而衍生出来的十分有效的记忆方法。

接下来要学习的方法十分重要，因为它可以说是整个记忆法的核心，也是所有的世界记忆大师以及最强大脑选手在短时间内记住大量信息的秘诀。通过运用这种方法，你会发现以前觉得十分难以记下来的提纲、书籍、单词等内容，都能在更短的时间内就将它们牢牢记住，记在自己的脑海中。而这能让我们的记忆效率提升至少五倍以上的方法就是——定位地点法，也被称为记忆宫殿。

传说在古希腊的时候，有一位记忆女神，叫作谟涅绪涅（Mnemosyne）。据说。这位女神上知天文，下知地理，通晓过去未来，是所有生命和创造力的本源，掌管着人世间一切的记忆。直到一位“记忆小偷”的出现，使得人们找到了抵抗记忆遗忘的方法，这位小偷的名字叫作西摩尼得斯（Simonides），是一位活跃于公元前5世纪前后的希腊诗人，也是记忆力训练的鼻祖。

据说有一次，西摩尼得斯受邀在一场晚宴上发表演讲，演讲结束之后，有人告诉他说有两个人在门口等他。西摩尼得斯一走出会场，整个会场便轰然倒塌，压死了里面所有人。（事实上西摩尼得斯并没有见到那两个人，据说那两个人其实是双生神Castor和Pollux，因为西摩尼得斯在演讲中赞美了他们，所以他们化身为凡人前来解救西摩尼得斯。）由于悲剧现场过于惨烈，很多死尸都被砸得无法辨认，所以只能由西摩尼得斯根据记忆中每个人的位置来判断，结果西摩尼得斯毫不费力地一一指认，最终解决了家属认尸的问题。

就这样，不经意间，西摩尼得斯展示了记忆的第一要素——地点。把我们需要记忆的信息与具体的地点，比如说某个房间或者某个餐桌旁的某把椅子，联系起来，就能轻松记住这些信息。要想按顺序记忆一组信息（比如说花名册、购物清单，或者演讲要点等），最好的方式之一就是想象一个包含不同物品的场景，然后在大脑中将这些信息逐一按顺序“安置”在这些物品上。有趣的是英文中的“主题”（topic）一词，就来自希腊语中topos（意为“地点”）。

虽然古希腊语早已失传，但古希腊人发明的记忆方法却被人们用拉丁语记录了下来。从这些记录当中我们可以发现，古希腊人已经将“记忆桩”这种工具发展到了相当成熟的地步，从记忆桩衍生出的动作或情节应当足够离奇，这样才能让人不容易遗忘。他们还指出，各种感官都会对记忆产生影响，尤其是视觉。据说大哲学家亚里士多德就意识到了联想的重要性，认为联想可以帮助人们更好地梳理信息，并记住它们。

下面，就让我们一起来学习一下，什么是神奇的定位地点法，也就是记忆宫殿。

概念：定位地点法就是将我们要记忆的信息通过想象的方式与我们身边熟悉的地点进行联想，从而将信息牢牢记在脑海当中的方法。

一、地点解析

1.什么是地点定位?

地点，其实就是我们身边熟悉的物品，可以是你家的沙发、电视，又或者是冰箱、桌子等，按照一定的顺序进行排列并且特征容易辨别的物品。地点是我们记忆的载体，通过将要记忆的信息与地点进行联想，我们可以减轻记忆的负担，让我们能够在短时间内记住大量信息。

2. 地点怎么找?

地点我们可以在家里找，比如可以从家里的大门开始作为第一个地点，然后按照顺时针或者逆时针的顺序去寻找适合当地点的物品，进门后一般会有个鞋柜，下一个是沙发、茶几、冰箱等，我们先找10个地点（即10个物品）。

	6 电视	5 冰箱	4 茶几
7 桌子			
		家	3 沙发
8 椅子			
			2 鞋柜
9 台灯			
	10 衣架		
			1 门

上面的地点是我按照自己家里的情况来找地点，大家也可以根据自己家里物品的摆设来找。除了在家里面找地点以外，我们也可以在学校、餐馆、博物馆等地方找，当然也可以在你叔叔家奶奶家里找地点。每10个地点为一组，每次要记忆信息的时候，就可以随时调出来用。

3.找地点遵循哪些原则

第一，大小适中。在找地点的过程中尽量不要选择太大或者太小的地点，比如一栋楼房作为一个地点，或者找一个别针作为地点。地点很小的时候会不方便后面的联想记忆。

第二，距离适中。两个地点的距离不要太近也不要太远，室内地点之间有一两米的距离比较适中。

第三，按照一定的顺序。在室内找地点的时候我们可以按照顺时针或者逆时针的顺序来找。

二、地点法的运用

当我们有了地点之后，就相当于有了记忆的载体。那么接下来我们将会用地点法来记忆圆周率的61~100位。

59　2307　81　64　06　28　6208　99

86　28　03　4825　34　21　17　06　79

记忆三部曲：

（1）首先在脑海中回忆一遍地点。

	6 电视	5 冰箱	4 茶几
7 桌子			
		家	3 沙发
8 椅子			
			2 鞋柜
9 台灯			
	10 衣架		
			1 门

（2）接着将数字转化成对应的编码。

59　2307　81　6406286208　99

蜈蚣　和尚　锄头　白蚁　螺丝　手枪　恶霸　驴儿　溜冰鞋　玫瑰

86　28　03　4825　34　21　17　06　79

八路　恶霸　三角凳　石板　二胡　三丝巾　鳄鱼　仪器　手枪　气球

（3）编码和地点进行联想。

门：5923一只蜈蚣趴在和尚的头上控制他打开了门

鞋柜：0781拿着锄头去锄鞋柜里的白蚁

沙发：6406坐在沙发上用螺丝拧紧手枪

茶几：2862恶霸抱起了牛儿把它摔在凳子上

冰箱：0899冰箱里冰冻着一溜冰鞋的玫瑰花

电视：8628电视里面正在播放八路打赢了恶霸的场景

桌子：0348桌上有个板凳，板凳上面放着一块石板

椅子：2534椅子上有把二胡，上面绑着三丝巾

台灯：2117鳄鱼博士拿着仪器正在检查台灯

衣架：0679拿着手枪去射衣架上的气球

（4）回忆并默写。

以上就是地点定位法的使用方法，相信通过本节的学习，你应该已经掌握了地点定位法以及随机数字记忆的方法。地点定位法是一个非常强大的工具，不仅可以帮助我们记下大量的随机数字，也可以帮助我们记下长篇的古文或者是现代文。比如我们想要记住一篇现代文，就可以在每一个地点上记一句话，这样我们就可以轻松地将一篇文章的内容记下来了。这里需要强调一点，对于20个以内的信息，我们可以用故事法或者连锁法记，而超过20个信息量的内容我们就可以用地点定位法来记忆。

自我练习：

41897581073094189714

39875017741389119830

第四节　学以致用

今天我们要挑战记忆鲁迅的作品，文学作品就跟记忆词汇一样。

《故乡》《社戏》《孔乙己》《一件小事》《从百草园到三味书屋》《藤野先生》《阿Q正传》《药》《呐喊》《彷徨》《狂人日记》《祝福》

记忆示范：

首先，先想象鲁迅回到了自己的故乡，回去干嘛呢？回去看一出戏叫社戏，看着看着坐在旁边的孔乙己凑过来，告诉他一件小事，鲁迅觉得事情并不小而且

有点严重，赶紧从百草园跑到三味书屋，去找藤野先生（这里可以想象藤野先生坐在藤椅上加深印象），藤野先生在干吗呢？他正在跟阿Q聊天，阿Q最近感冒了，天天都要吃药，但是吃完药的他肚子很疼，就跑出去到处呐喊要找医生，医生正在街上彷徨，医生在干吗呢？他在边写着日记，这本日记叫作狂人日记。医生赶紧给阿Q看病，并祝福他早日康复。

好的，到这里故事就讲完了，接下来我们想象一下故事，试着回忆一下鲁迅的这几部作品。首先，鲁迅先回到了哪里呀？回到了故乡，他的第一部作品是《故乡》。他回到了故乡去看了一出戏，这出戏叫什么，叫《社戏》，这是他的第二部作品。接下来在看的过程中，他旁边有一个人叫孔乙已，《孔乙已》就是他的第三部作品。孔乙已凑过来告诉了他一件事情，《一件小事》，这是第四部作品。鲁迅听完了这件小事之后，他很紧张，跑去了哪里，从《百草园到三味书屋》，这是第五部作品。接下来在那间书屋里面见到了谁呢？见到了藤野先生，《藤野先生》就是第六部作品。接下来藤野先生在跟谁聊天，阿Q，第七部作品就是《阿Q正传》。阿Q这几天感冒了，他一直都在吃药，《药》就是第八部作品。接下来吃完药的阿Q肚子很痛，所以他跑出去呐喊，《呐喊》就是第九部作品。接下来阿Q跑去找在街上彷徨的医生，《彷徨》是第十部作品，彷徨的医生在干吗呢？他在写日记。这日记叫什么名字？叫狂人日记，《狂人日记》就是第十一部作品。接下来是最后一部作品。医生给阿Q治病，并祝福他赶紧好起来，最后一部作品就是《祝福》。好了，到这里鲁迅的12部作品就记忆完成了，各位同学现在回忆一下整个故事，看看能不能想起来鲁迅的那些作品。

总结：故事联想记忆法需要注意的一些规则：

1.一定要想象到图像，学习的就是图像记忆，一定要自己出图。

2.两两词语之间要相互连接。

3.发挥你的想象力，尽可能地夸张好玩、生动形象。

故事联想法和连锁想象法区别就只是在故事法当中的词汇可以前后重复出现，而连锁法要求词汇只能一个接一个。

好，那么接下来自己试试记忆作家的作品：

第一组冰心的作品：

《繁星》《往事》《小说集》《超人》《小桔灯》《纸船》《春水》《寄小读者》《再寄小读者》《三寄小读者》《冬儿姑娘》《樱花赞》

第二组老舍的作品：

《骆驼祥子》《老张的哲学》《四世同堂》《二马》《离婚》《猫城记》《正红旗下》《火车集》《贫血集》《龙须沟》《茶馆》《西望长安》

第八章　轻松记忆古诗文

中小学阶段，都要背很多很多首古诗词，诗词文章的背诵自古就是一大难题，晚清名臣曾国藩就曾经被难倒过。据说有一天晚上小偷潜入他的房间，他到了后半夜还在苦背一篇文章，小偷听他反复读了几百遍还记不住，实在忍不住了，从床底下爬出来摔书大吼道："就你这么笨，还读什么书，我在床底下听都听会了。"说完很流利地把那篇文章一字不差地背诵下来，曾国藩羞愧难当，之后更加发愤图强。看来，对于古人而言，记忆古诗一样是个难题。那么问题来了，这些古诗可以通过什么样的记忆方法来记住呢？接下来这一章我们一起学习古诗词的记忆！

我们先思考一个问题，古诗是由什么组成的？是不是很多的词语，这其中就有形象词和抽象词，其实前面已经打下一些基础了，如果你认真学习了的话，到这节课就很轻松了。记忆古诗有什么诀窍吗？当然！首先你需要记住一些关键的词语。

第一节　字头歌诀法

下面来看看一种简单的方法，叫作"字头歌诀法"。有没有发现一般只要记得开头就能想起整句来，但要是忘了就很容易全记不起来了，所以这种方法也是很实用的。举个例子：

江　雪

唐・柳宗元

千山鸟飞绝，万径人踪灭。

孤舟蓑笠翁，独钓寒江雪。

把每句诗的开头取出来，不知道你有没有发现，每句开头第一个字取出来就是“**千万孤独**”，可以再跟古诗名字和作者联系起来——柳宗元站在柳树下面望着江面上的白雪，没人陪他，感到千万的孤独。这样就可以啦，是不是很简单。但这个方法其实有一些局限性就是不能用太多，得遇到有趣的字头才会有奇效。

第二节　连锁故事法

接下来我要给你介绍记忆古诗主要运用的方法，其实就是之前学过的，连锁想象法跟故事联想法，用它记忆古诗有三个步骤：

第一步，要熟读全文，了解作者大概的意思。这个是必须做的，建议你记忆之前读三遍，熟悉一下古诗词，了解不懂的字词。

第二步，在每一句诗里面都提取出一些关键词语。为什么要找关键词而不是每个字都提取呢？如果你把每个字每个词都转为图像，那么图像就太多了，反而加重记忆的负担，实际记忆过程中完全可以根据关键词回忆起整个句子，所以，只需要记忆最关键的词语就好了，最终也是通过关键词来回忆的。

第三步，也就是最后一步，要把这些词语，跟词语之间进行故事联想，从而对全诗进行记忆。记忆词语的方法和前几章讲的是一样的，只不过需要自己提炼出词语。

具体来看一下，这一节要记忆的是元曲作家马致远创作的一首小令，这首小令是《天净沙・秋思》。首先第一步，需要通读全文：

天净沙·秋思

元·马致远

枯藤老树昏鸦，

小桥流水人家，

古道西风瘦马，

夕阳西下，

断肠人在天涯。

全文描写的是一些景色，一开始就是描写天色黄昏，一群乌鸦落在了古藤缠绕的老树上面，发出了凄厉的哀鸣，小桥下面，流水哗哗作响，小桥边上有几户人家，炊烟寥寥，古道上有一匹瘦马，顶着西风艰难地前行，夕阳渐渐失去了光泽，从西边落下。这首小令很短，一共只有五句，28个字，全篇没有一个秋字，却能描绘出一幅凄凉动人的夕阳西下的景象，并且能够准确地表达出作者在旅途中凄苦的心境。

接下来要进行第二步，在每句里面提取一些关键词语，看第一句可以提取藤、树和鸦，第二句可以提桥、流水，还有人家，第三句，可以提道、风和马，第四句可以提取夕阳，第五句是断肠人，这样就可以发现，这样这首诗里面都是描写一些景物，所有的关键词基本上都覆盖了，数量一多就变得有点复杂了，先试试，一会再来简化。

接下来进行最后一步，联想画面。从一开始第一句一棵枯藤缠绕的老树，然后在老树上面有一群昏暗的乌鸦，能看到乌鸦之后，乌鸦可以飞到小桥上面，这个小桥下面有流水，哗哗作响，在流水岸边住着几户人家，他们家门前有一条古老的道路，那在道路上，有西风吹，呼呼作响，那风吹着谁呢？一匹偏瘦的马。马往前面跑，它向着夕阳的方向跑，夕阳把光照在了断肠人的身上。那么整个画面就可以简单地想象出来了。好了，回忆一下，会不会觉得有点复杂了？其实可以每句就取一个关键词，比如每句的开头，就可以简化成“枯藤，小桥，古道，夕阳，断肠人”，这样记忆量就大大减少了。可以想象枯藤掉在小桥上，小桥旁边有条古道，道路的远处是西下的夕阳，夕阳照着断肠人。这样回想故事就变得轻松了。

最后，来回想一下这个情景小故事，试着背诵一下全文。首先是枯藤掉下来，所以第一句是，枯藤老树昏鸦；接下来，枯藤掉在小桥上面，第二句就是，小桥流水人家；小桥旁边有一条古道，所以这句是古道西风瘦马；古道远处是夕阳，夕阳照在谁身上呢？一个断肠人的身上，所以最后两句就是夕阳西下，断肠人在天涯。好了，到这里，这首小令就背完了。

再来一首《敕（chì）勒（lè）歌》北朝民歌，一起记忆一下。

敕勒川，阴山下，

天似穹（qióng）庐，笼盖四野。

天苍苍，野茫茫，风吹草低见牛羊。

第一步，要熟读全文，建议三遍。

第二步，提取关键词，川（水）、阴山、 穹庐（是指蒙古人所住的毡帐，就是蒙古包）、四野、牛羊。

第三步，要把这些词语，跟词语之间进行联想，从而对全诗进行记忆。川流不息的水不断地冲击阴森的山崖，山崖之上如天空一样巨大的穹庐蒙古包笼盖着四周的野草，吸引牛羊来吃草。回忆两遍这些图像，就记住这首诗了，是不是很简单。

总结：你在记忆故事的时候，第一步，要熟读全文，建议三遍；第二步，在每一句诗里面都要提取一些关键词语；第三步，要把这些词语，跟词语之间进行联想，从而对全诗进行记忆。

作业：记忆以下两首诗。

咏柳

唐·贺知章

碧玉妆成一树高，

万条垂下绿丝绦（tāo）。

不知细叶谁裁（cái）出，

二月春风似剪刀。

凉州词

唐・王之焕

黄河远上白云间，

一片孤城万仞山。

羌（qiāng）笛何须怨杨柳，

春风不度玉门关。

第三节　绘图法

针对种类繁多的古诗词，我们还能用什么方法辅助记忆呢?

这一节要讲的是运用故事联想法把作者所描述的情景想象出来，再通过画画的方式去背诵古诗。那怎样配合画画把古诗词记得更深刻，更牢固呢？这节要学习的就是情景绘图法，就是简易地画一画图。

不要觉得自己画画不好，你就不敢画，其实就是动动你的手，随便画一画关键词，就能把一首诗很牢固地记在脑袋里。由于诗词一般都是传达作者感情或者描写景物的，很容易让读者身临其境，所以联想场景、景物记忆就会比较深刻，但是在记忆的过程中，往往需要对一些字词做一些形象化的处理，所以首先要了解原文，再运用故事联想法绘制简图来进行记忆。

无论长篇还是短篇的古诗词，其记忆的方法大同小异，接下来就来试一试，先用一首比较简单的诗作为案例给你分享：在实际记忆中如何运用绘图法?

先来看第一首诗。

咏　柳

唐·贺知章

碧玉妆成一树高，万条垂下绿丝绦。

不知细叶谁裁出，二月春风似剪刀。

跟着老师一起来了解这首古诗的意思：

高高的柳树上长满了翠绿的新叶，轻柔的柳枝垂下来，就像万条轻轻飘动的绿色丝带，这细细的嫩叶是谁的巧手裁剪出来的呢？原来是那二月里温暖的春风，它就像一把灵巧的剪刀。

第一步，来找一找关键词。第一句“碧玉妆成一树高”，可以提取碧玉和树，作为关键词，第二步就是把它简单画下来。接下来第二句“万条垂下绿丝绦”，可以提取绿丝绦，可以简单画上很多柳枝垂下来的画面。第三句“不知细叶谁裁出”，可以提取细叶，当然除了画片叶子，为了具体点还可以画个问号表示不知，画个足印表示用脚“裁出”。最后一句，二月春风似剪刀，关键词可以是春风和剪刀，“二月”也可以画个日历表示，这样简单画了几个图画就完成了。

练习记忆的时候要先看图回忆古诗，再进行不看图回忆古诗，把图画印在自己的脑海里。

对于要立刻掌握的诗词，运用简图法时一般不用马上涂颜色，因为这会花费时间，但是如果时间较为充裕，想要完美些，也可涂上颜色，这样会更容易记忆。接下来再来练习一首，这首诗是《约客》，先来熟读一遍。

约 客

南宋・赵师秀

黄梅时节家家雨，青草池塘处处蛙。

有约不来过夜半，闲敲棋子落灯花。

这首诗大致意思是：梅子黄时，处处都在下雨，青草长满池塘，传来阵阵蛙声。时过午夜，已约请好的客人还没有来，感到无聊的我用棋子轻轻地敲着棋盘，震落了灯花。

直接在上面选取一些关键词，第一句可以是黄梅和家家雨，可以简单画一枝梅，当然可以涂上黄色，接着画一些房子再来点雨点，就是家家雨。第二句关

键词选取青草、池塘和蛙，分别简单画一下。第三句“有约不来过夜半”，选取夜半，就是半夜，可以画个月亮，当然为了具体点也可以画个人坐着等的画面表示有约不来。最后一句闲敲棋子落灯花，关键词就是棋子和灯花，分别画一画棋盘、灯和一朵花。看着图画回忆几遍古诗，最后做到不看图背诵古诗。

学习运用绘图法记忆较长信息，比如中、长篇古诗时候，需要将信息分段处理，一段段地记忆，分几部分画画简图，然后再根据图像整体复习记忆。久而久之，你背诵古诗时出图的速度会越来越快，你也会拥有让自己难以置信的记忆速度，这些好玩有趣的图像，会永远地印在你的脑海中。

也许你要问了：如果用简图，会不会曲解了原文含义？

原则上来讲，第一是在理解了原文含义后再运用此方法记忆；第二是尽量先遵循原文含义的情境绘制简图，如果原文没有情境或是无法对连接性词句进行形象转化，那么再特别记忆；第三是无论采取什么方法记忆，之后都会核对原文再复习。通过以上三重保障，再加上原本的辨别能力，是不会将原文意思曲解的。也希望同学们多多练习，万事开头难，当你把方法运用得很熟练的时候，你就能体会到绘图记忆法的好处。希望这些方法，能够助你语文学习一臂之力！

接下来请用绘图法记忆以下古诗：

望洞庭

唐·刘禹锡

湖光秋月两相和，

潭面无风镜未磨。

遥望洞庭山水翠，

白银盘里一青螺。

第四节　歌唱法

将我们要背诵的古诗加上背景音乐，将它编成一首歌曲，通过唱歌的方式将我们要记住的古诗牢牢地记在脑海中。

相信大家在生活当中都有过这样的经历，就是我们一首歌听多了之后，自然而然地我们就会唱这首歌了。当古诗的内容变成一首歌曲之后，你也能自然而然地听到音乐就将这首诗唱出来。目前在网络上有很多古诗改编而来的歌曲，当我们遇到比较难背的古诗的时候，不妨先上网搜一下，看看有没有被改编成歌曲。如果有，就下载来多听几遍，你就能将这首歌曲的歌词——即古诗的内容牢牢记住了。这里我也给大家推荐几首已经被改编成歌曲并且也是我们必背的古诗文。比如《但愿人长久》《琵琶行》《虞美人》《满江红》《长歌行》等。

多去听这方面的歌曲，会让古诗背诵的过程变得更加轻松有趣，这也是我们学习的时候可以用的方法。

第五节　地点法

地点法就是将我们所要记忆的古诗与地点定位进行联想记忆，从而帮助我们在短期内记住大量古诗的方法。

如果说简图法适用于比较简短的古诗，比如四句或者六句的诗，那么地点法则适用于比较长的古诗或者文言文的记忆，如八句或者八句以上的古诗或者非常长的文言文。在考试前我们如果想要短时间内记住大量的古诗，那么地点法也是最好的选择。

比如下面这篇文言文《出师表》，我们选取了其中一小节，接下来我们看看如何用我们的地点法来进行记忆。

出师表

魏晋·诸葛亮

先帝创业未半而中道崩殂，今天下三分，益州疲弊，此诚危急存亡之秋也。然侍卫之臣不懈于内，忠志之士忘身于外者，盖追先帝之殊遇，欲报之于陛下也。诚宜开张圣听，以光先帝遗德，恢弘志士之气，不宜妄自菲薄，引喻失义，以塞忠谏之路也。

首先我们找到10个地点，可以在学校的教室里面找，第一个可以是门，接着饮水机、讲台、投影仪、黑板、桌子、椅子、扫把、簸箕、垃圾桶。当然你可以按照自己学校里具体的分布来找地点。

教室

6 桌子　5 黑板　4 投影仪

7 椅子　3 讲台

8 扫把　2 饮水机

9 簸箕

10 垃圾　1 门

第一步：在记忆所有的古文之前，我们首先要将全文通读理解一遍。

第二步：找到句子中的关键词。

第三步：回忆地点。

第四步：每一个句子与一个地点进行联想。

门：先帝创业未半而中道崩殂（我们可以想象门那里有个先帝刚创业未到半年就中道崩了）

饮水机：今天下三分（如今天下的饮水机都被三分了）

讲台：益州疲弊（讲台上讲了一周很疲惫了）

投影仪：此诚危急存亡之秋也（投影仪坏了，这真是危急存亡的秋天耶）

黑板：……

通过定位联想的方式，原本很长很难的文言文就被我们切割成一小句一小句了，用这样的方式去进行记忆，会比我们原来的记忆方式记得更加牢固。以前学习的时候，我就喜欢用自己非常熟悉的宿舍或者是家里的地点来帮助我记忆古诗或者文言文，通过这种方法，每次考试之前基本不用复习，因为你天天都在复习。每次进课室看到门的时候就会想起一个先帝创业，于是就会联想到“先帝创业未半而中道崩殂”，看到饮水机就自然会联想到“今天下三分”。所以善于使用地点法，我们的学习将会更加轻松和高效。接下来自己尝试着用这种方法记忆要背诵的古诗文内容吧！

第九章　英文轻松记

在这个板块，将会教给大家英语科目的记忆方法。如果说中文是世界上使用人数最多的语言，那么英语则是世界上使用人群最广泛的语言。而在英语学习当中，我们发现很多人从小就开始学习英语，然而等大学毕业的时候，就发现自己的英语水平依然不是很高，甚至连和外国人做简单的交流都很难。而在英语的学习当中，最基础也是最重要的一个板块就是，英语单词的记忆。很多人之所以在英语学习中，很快就自暴自弃了，就是因为英语单词很难记，并且非常的枯燥，于是越学越没有信心，越学越苦恼。如果想要学好英语，那么首先我们就要学习如何更加轻松高效地记单词，只有觉得英语单词的记忆没这么困难的时候，英语才能慢慢成为我们的兴趣。

我还记得我在小学的时候是个记忆力特别差的人，在那个时候我经常为记英语单词而苦恼，每次上英语课的时候，看到英语老师在课堂上写的那些密密麻麻的单词就感觉头疼，仿佛天书一般，看不懂，也记不住，自然而然，我的英语成绩在班上并不突出，虽然不是倒数，但是也好不到哪去。因为单词记不住，文章就看不懂，英语听力也听不明白，更不用说写英语作文了。所以当时我也深知我要是想将英语这个科目的成绩提升上来，那么首先第一点就是我必须得先把英语单词记住。因为每次我的单词默写成绩都不太好，于是有一天我鼓起勇气去问英语老师："老师，我英语单词记不住，有什么办法吗？"英语老师告诉我："很简单，多读多写多背就可以了，别人下课的时间你将这个单词重复背50遍，一定记得住！"于是我按照老师的方法开始勤加背诵英语单词："apple苹果，a、p、p、l、e；apple苹果，a、p、p、l、e……"就这样坚持了一段时间之后，我发现自己还是很难将这些非常枯燥的英语单词记忆下来，于是内心就开始有点自我怀疑了，是不是我真的对英语这个科目没什么天赋呢？我对英语越来越没有信心，上了初中的时候，我的英语成绩依然一般般，没什么进步。在一次英语考试之后，英语老师一个一个地公布全班同学的英语试卷的分数，当公布到我的时候我的内心无比羞愧，也有些愤怒和不甘心。从那之后我就发誓我一定要学好英语这门学科，不能再让我的英语老师瞧不起我，于是我开始了异常刻苦的学习，把大量的时间都花费在英语学习上，然而，我发现，无论我怎么学，英语成绩还是上不去。

那时候我的内心当中突然有那么一丝丝绝望，直到有一天，我去图书馆看书的时候偶然间看到了一本书， 这本书叫作《记忆宫殿》。我粗略地翻开一看，里面记载着很多记忆方法，其中就包括英语单词的记忆方法。当我看完里面的内容之后，我仿佛找到了人生的救命稻草，看到了最后的希望。这本书里面举例介绍了很多英语单词的记忆方法，在我记完这本书里面的单词之后，直到第二天，我发现自己还记得那些记过的单词，感觉到这次记单词和过去的死记硬背确实不同。我开始将这种方法运用到自己的英语学习当中，结果，从那以后，我每次英语默写都是满分。英语成绩也慢慢上来了，直到有一天，我的英语成绩突然考了班上第一名的时候，所有人都惊讶。自此，我不再讨厌英语这门学科了，相反，我觉得这门科目非常有意思，这种兴趣一直伴随到我的高考。在当年的高考中，英语满分150，我考了127，这个分数没有很顶尖，但也是一个非常不错的成绩了。再到后来上了大学，那个时候为了通过四六级的考试我将整本四六级单词全都背了下来，并且能够做到所有单词倒背如流，有人因此给我起了个外号“人体活字典”。而这也是我对记忆方法运用得越来越熟练的结果，借此也想告诉大家的是，世界上阻碍我们前进的很多时候不是我们的天赋，也许方法更加重要。

在过去的时间里，我曾经多次研究过英语单词包括句子的记忆方法，一直在探索如何让英文的记忆变得更加高效，在试用了许多记忆方法进行实战之后，我也总结出了一套相对来说对大家比较实用的方法，在当年的四六级考试当中，我得益于这套方法而通过了考试，我相信这方法对大家应该会有帮助。

在英语板块的内容中，将会从以下几个方面来进行教学，分别是英语单词和英语文章的记忆方法。

第一节　单词秒杀器

在学习记单词之前，我们首先来了解一下，英语单词的构成。和我们的汉字一样，所有的英语单词也是由三个部分组成的，分别是形、音、意。比如这个单词Care [keə（r）] n.关心。它的形音意分别是：

care　　形

[keə(r)]　音

n.关心　　意

所谓的形就是一个单词的写法，音就是一个单词的发音，意就是这个单词的意思。所以我们在记忆英语单词的时候就是记忆单词的形音意，只有把单词的形音意都记忆下来，我们才能在英语学习的过程中看得懂、听得懂。

英语单词的记忆方法，我们需要遵循一个原则和四个步骤。

一个原则就是效果大于道理。在记单词的时候，只要能记住单词的方法就是好方法。

四个步骤是发音、分析、方法、复习。

第一步，我们要了解的就是英语单词的发音，因为学习英语的最终目的我们是为了和别人交流而不是单纯的考试。

第二步，就是分析这个单词，看看这个单词里面有没有我们熟悉的部分。

第三步，就是方法，结合英语单词记忆的方法来进行联想。

第四步，就是复习，遗忘是人类固有的惯性，哪怕是用一定技巧、方法进行记忆的，我们也需要进行周期性的复习，会让我们的记忆更加牢固。

在学习之前，我们先来测试一下自己的记忆力怎么样吧！以下有一些单词，我们一起来看看自己需要多长的时间能够将这些单词给记忆下来，注意计时。

humorous滑稽有趣的

如果你能在很短的时间内记住这个单词，那说明你的记忆能力还是很不错的。上面这个单词是不是相对来说比较长呢，其实记住这个单词一分钟都不用，只要几秒钟就可以把它牢牢掌握。比如我们可以对这个单词进行拆分。

拆分：hu虎　morou摸揉　s蛇

联想：老虎hu正在摸揉morou一条蛇s

联想出来的这个画面是滑稽有趣的。发现了没有，通过拆分、联想，我们一下子就可以把这些看起来很难的单词牢牢地记在我们的脑海当中。所以对于单词的记忆方法，我也总结了一个字，那就是：拆。具体拆什么内容呢，就是**拆单词、拼音和编码**。在一个单词里面，我们会遇到较熟悉的单词或者拼音，而编码是什么呢？和我们的数字编码一样，英文字母也有英文编码。英文编码分成一级编码和二级编码，一级编码就是26个字母编码，二级编码是在总结所有英语单词常见字母组合的基础上汇编出来的一套编码。现在，我们一起来学习一下字母编码吧！

字母编码的编码规则：

字母编码的编码规则主要涉及三方面，分别是**形状、拼音和单词**。

1.单词

比如a的编码之所以是苹果，是因为看到a我们可以想到apple；再比如d我们可以想到dog，这是从单词的角度来进行编码。

2.拼音

其次就是拼音，比如b，我们可以在嘴边快速地将这个b读几次，bbbb，笔笔笔笔，所以b我们可以想到笔；p我们可以想到皮鞋，这就是从拼音的角度来进行编码。

3.形状

接着就是形状，比如c像夜晚会出现的什么呢？没错就像月亮；再比如j就像钩子一样，这就是从字母的形状来进行编码。接下来我们一起来看看26个字母的编码。

A	苹果	N	门
B	笔	O	鸡蛋
C	月亮	P	皮鞋
D	狗	Q	气球
E	鹅	R	小草
F	斧头	S	蛇
G	哥哥	T	伞
H	椅子	U	杯子
I	蜡烛	V	漏斗
J	钩子	W	皇冠
K	机关枪	X	剪刀
L	棍子	Y	衣叉
M	麦当劳	Z	闪电

和数字编码的原理一样，字母编码也可以帮助我们快速地记住随机字母和英语单词，就比如我们想要记住以下这个非常长的字母组合：

F h k a j d g a h l e

要记住这样的随机字母首先我们需要将字母转化成字母编码：

第一步：f斧头、h椅子、k机关枪、a苹果、j钩子、d狗 、g哥哥 、a苹果、h椅子 、l棍子、e鹅。

第二步：进行联想，接下来我们可以一起来联想以下画面，开动你的想象力。

可以想象着你手里拿着一把斧头f砍坏了一把椅子h，在椅子里面你发现了一把机关枪k，你拿起它开始发射，枪里射出了很多的苹果a，这些苹果射到了钩子j上，这个钩子被狗d叼着去送给哥哥g，哥哥咬了一口这个苹果a，然后把它放在椅子h上，它顺着一根棍子l滑了下去，砸到了一只鹅e。

接下来闭上眼睛回想一下，看看自己是不是已经把它记忆下来了呢。这就是我们字母编码的作用所在，它可以让我们记住许多的随机字母以及很难记住的单词。当然，看到这里我相信肯定有人心中会有疑问，都用字母编码来记单词故事画面会不会太长了？所以下面同样的字母我们换个方式来记试试：

F h k a j d g a h l e

还是一样，我们分成两步，第一步依然是转化成编码，第二步就是联想。

第一步：fh凤凰　ka卡　jd激动　ga嘎　h椅子　le了

第二步：我们可以想象一只凤凰fh捡到了一张卡ka非常激动jd，嘎嘎ga一笑不小心摔倒在椅子 h 上了le。

发现没有，用双字母编码我们会发现故事的记忆量变小了，原先要记住10个编码，现在只需要记住五六个编码就可以把内容牢牢地记忆下来，这就是双字母编码的优势，就是记忆的量会更小。在记忆英语单词的时候，多运用二级编码会让我们记忆的量更少，更轻松。就比如这个单词sympathy同情，这个单词长，相对来说比较难记，如果我们用单字母编码一个一个记就太长了。但是如果我们将它分成三个部分，sym、pa、thy，这三个部分可以转化成sym舍友们、pa怕、thy桃花源，所以记住这个单词我们就可以联想一个画面：舍友们sym怕pa桃花源thy的怪物，不敢去，所以我很同情他们。所以在记忆英语单词的时候如果我们能够经常使用二级编码，将会对记忆效率的提高产生很大帮助。在熟悉二级编码之后，我们就可以正式进入到英语单词记忆方法的教学环节。

这里给大家汇编了一套二级编码，牢牢记住，记单词的时候能用得上。

ab	阿爸	dis	的士	ment	门徒
ac	艾草	br	病人	ous	藕丝
ad	阿弟	de	德国人	sc	蔬菜
pro	飘柔	Ele	大象	sh	水壶
tion	男神	Eve	猫头鹰	sp	水瓶
sion	女神	Ff	狒狒	str	石头人
pr	仆人	Fr	飞人	ty	汤圆
tr	铁人	Fl	俘虏	um	幽默
rd	热点	ry	人鱼	un	联合国
rm	燃煤	rs	肉丝	ve	维生素

一、拆分联想法

其实英语单词的记忆方法，我将它总结成一个字，那就是拆。遇到一个单词的时候，我们先将自己熟悉的部分进行一个拆分，然后再进行联想。那么单词当中我们熟悉的部分都有哪些呢？分别是**单词、拼音和编码**。接下来我们会一个一个进行讲解。

（一）拆单词

所谓的拆单词指的是一个单词里面经常会有我们熟悉的单词，这个时候我们可以将这些熟悉的单词先拆分出来，接着再进行联想记忆。

1.capacity容量

我们先来仔细观察一下这个单词，也许你从来没见过这个单词，但这个单词里面有没有自己熟悉的单词呢？相信你已经发现了，在这个单词里面有我们熟悉的单词“cap”帽子“a一个”“city城市”。当我们找到这些熟悉的部分之后，接下来就可以进行联想了。

cap帽子　a一个　city城市　意思：容量

我们可以想象着有一顶巨大的帽子cap，它能盖住一个a城市city，也就是说，这顶帽子的“容量”巨大！所以cap a city就是容量的意思。

2. manage管理

首先，还是看看这个单词里面有没有熟悉的单词，仔细观察你会发现有两个熟悉的单词，分别是man男人 和 age年龄。我们先进行拆分：

拆分：man男人　age年龄　意思：管理

联想：我们可以想象男人man要到了一定的年龄age才会有管理经验

3.chairman主席

拆分：chair椅子　man男人　意思：主席

联想：在椅子chair上的那个男人man就是主席

下面我们一起来检测一下自己，看看刚才那些单词我们都记住了吗？

英译中

Capacity managec hairman

中译英

管理 主席 容量

下面自己来练习一下。以下这些单词请自行进行拆分联想记忆。

ant蚂蚁　　　　assassinate暗杀

catcall喝倒彩　　　candidate候选人

（二）拆拼音

拆拼音指的是在一个单词里面很多时候我们会遇到和中文拼音一样的组合，比如po可以想到婆婆，re可以想到热，将这些我们熟悉的组合进行拆分，接着再进行联想便可。

1. huge巨大的

这个单词我们仔细观察观察，有没有自己熟悉的拼音呢？我们可以这样拆分一下，huge，可以联想到虎哥，所以我们可以这样记：

拆分：huge虎哥　意思：巨大的

联想：你可以想象有一头老虎体形巨大，别人都叫它虎哥huge

2. pair一双

这个单词比较简单，但是没关系，我们只是拿来做练习的材料。首先还是仔细观察一下这个单词里有没有自己熟悉的拼音。相信大家都能找到，比如pai或者是pa。在这里我们可以这样进行拆分，pai和r，首先pai我们可以想到中文的派，r可以想到人，在这里需要强调一点就是拼音不一定需要全拼，首字母也可以。

拆分一下就是：pai派　r人

联想：你要派pai人r去做事的时候是派一个人比较保险还是派一双人比较保险呢？当然是一双人了。所以 pair就是一双。

3.bare赤裸的

还是先仔细观察一下，看看可以怎么进行拆分。这里可以先自己练习，然后再看下面的举例。

拆分：

联想：

举例：

拆分：ba爸爸　re热

联想：夏天爸爸ba很热re的时候就会脱衣服赤裸上身，所以bare就是赤裸。

自我检测：

赤裸的　一双　huge

拆分练习：

tie领带　　guide导游

rice大米　　bandage绷带

（三）拆编码

拆编码的方法一般不是独立运用，往往是和前面两种方法结合在一起使用的。一般在对一个单词进行拆分之后，我们会先拆分我们熟悉的单词或者是拼音，接下来才是拆分编码，编码分为一级编码和二级编码，这方面的内容我们在前面已经讲过了。

1.assess评估

对这个单词，我们先将熟悉的编码都拆分出来，比如a的编码是苹果，s是蛇，e是鹅。将编码拆分出来之后，我们就要思考一下怎么进行联想了。

拆分：a苹果　ssss四条蛇　e鹅

联想：可以想象这样一个画面，你吃着苹果a，看着左右各两条蛇ssss围攻一只鹅e。

2.snack小吃

首先看看有没有我们熟悉的编码或者拼音，s是蛇，na可以是拼音拿，ck就是二级编码刺客。

拆分：s蛇　na拿　ck刺客

联想：一条蛇s拿na了刺客ck的小吃。

3.pretend假装

pre是二级编码仆人，ten可以想到十，d可以想到点。

拆分：pre仆人　ten十　d点

联想：仆人pre在早上十ten点d的时候，还假装说自己不知道时间。

自我检测：

小吃　假装　assess

自我练习

assess评估　　　　　　snack零食

library图书馆　　　　　chill寒冷的

以上就是我们在遇到陌生单词的时候可以使用的一些方法，当然在实际使用的过程中你会发现单纯一种方法不能记忆所有单词，都需要综合使用多种方法。我们复习一下前面记忆的humorous这个单词，在这个单词里面既有拆分的拼音也有拆分出来的编码。我们拆分单词的时候没有所谓的优先拆分，只需要将你第一眼看到的、最熟悉的部分拆分出来就可以了，剩下的部分再去思考其他。

我相信大家心中会有个疑问，那就是我们在记忆英语单词的时候都使用这种方法吗？不是的，在这里教给大家一个规则，那就是：简单的单词简单记。这句话是什么意思呢？意思是对于一些比较简单、一下子就能记住的单词，那就不需要再进行拆分了，比如book、home、school等单词，是一学就会的，就不需要再进行拆分记忆。我们在什么时候才需要用记忆法来进行拆分和联想记忆呢？就是遇到一些长、难单词以及看起来很简单但是我们经常会遗忘的单词。当然，和传统的记忆方法不一样，你会发现当你经常使用记忆法来拆分记忆的时候，以后记忆英语单词的速度会越来越快，对记忆方法也会运用得越来越熟练。在前期我们的基本功打牢之后，到了后期我们就能够掌握将一整本英语字典里面的单词记忆下来的方法。

除了以上的拆分联想法以外，我们还要给大家分享词根词缀法，也是比较实用并且方便大家记忆的方法。

初中以及高中之后，要记忆的单词量越来越大，也不像小学时期的单词那么好记，这个时候我们就会学习到词根词缀，这是英语学习里面非常重要并且必须掌握的工具。

二、词根词缀法

英语单词并不是由字母随意堆砌而成的，而是由一个有意义的词根、前缀、后缀组成。一般来说，词根决定单词意思，前缀改变单词意思，后缀决定单词词性。

当我们记忆少量单词时候，联想记忆法可以帮助我们快速掌握这些单词，但如果想要掌握上万个英语单词，那就需要学习并且掌握词根词缀了。掌握了英语的词根、词缀，就如同熟知了汉字的偏旁部首，不但有利于推断一些生词的意思，还能帮助我们更加迅速、高效地记忆单词，达到举一反三、事半功倍的效果。

接下来我们通过一个单词来举例，什么叫作前缀和后缀。前缀就是放在词根前面的部分，后缀就是放在词根后面的部分。

（一）前缀篇

1. “un”

happy快乐的

这个英语单词是快乐的意思，现在我们给它加上一个前缀un，un是一个否定前缀，表示“不、非”，happy是快乐的，那么unhappy就是不快乐的意思。

在unhappy这个单词里面，happy就是词根，un就是词缀里面的前缀。

这就是英语单词的前缀，在英语中，前缀就像汉字中的偏旁部首一样，当我们提前掌握了前缀的意思之后，那么通过推理的方式我们就可以知道一个单词的意思。接下来我们举一反三。

clear清楚的

believable相信的

friendly友好的

现在我们给这三个单词加上否定前缀un，它们会变成什么意思呢？自己尝试着去将它们的意思写在横线上。

unclear________

unbelievable__________

unfriendly__________

下面公布答案，它们的意思分别是：不清楚的、不相信的、不友好的。你写对了吗?

由此我们知道，掌握了英语单词的词根词缀，我们就能够自己推理单词意思了。那么接下来，我们再学习几个

2. “re”

re在英语里面也是非常常见的前缀，有“再、重复”的意思。

单词use是使用的意思，那么前面加个re前缀，reuse就是重复使用的意思。其中，re是前缀，词根是use。

接下来自己练习

start开始

view浏览、看

construction建设

猜猜下面的单词是什么意思，写在横线上。

restart_________

review_________

reconstruction___________

没错，这些单词的意思分别是重新开始、复习和重建。

当你掌握了英语的词根词缀，就会发现你具备了举一反三的能力了。下面我给大家总结了英语单词中常用的词根词缀，大家试着用我们的记忆法将它们牢牢记住。

ab 表示反常　　　　如：absent 缺席

bi 表示两、重　　　如：bicycle 自行车

com 表示共同　　　　　　如：combine 联合

dis 表示分开　　　　　　如：disarm 裁军

im 、in表示向内、不　　　如：impossible不可能的、informal 非正式的、inhuman 不人道的

non 表示无　　　　　　　如：nonparty 无党派的、nonmetal 非金属

pro 表示向前　　　　　　如：progress 进步

re 表示回、重新　　　　　如： review 复习

un 表示不、非　　　　　　如：unhappy 不快乐的、unbalance 失去平衡

这里有英语当中常用的一些前缀，那么，如何用记忆法来将这些前缀给记住呢？很简单。

比如ab表示反常，还记得ab的二级编码是什么吗——阿爸，所以我们可以将阿爸和反常联想在一起。我们想象有个很反常的阿爸，经常做一些我们不能理解的事。所以阿爸ab对应的前缀意思就是“反常”。

再比如bi表示“两、重”，这个记起来也很简单，我们可以想象有两支重合在一起的笔bi，所以笔bi就是“两、重”。

以此类推，下面大家就可以用联想的方式将上面的前缀都牢牢记住。接下来考考自己。

ab　　　　表示______

bi　　　　表示______

com　　　表示______

dis　　　　表示______

im 、in　　表示______

non　　　表示______

pro　　　表示______

re　　　　表示______

un　　　　表示______

如果以上的前缀都能默写正确，那么恭喜你，你已经学会怎么记忆前缀了。下面还搜罗了一些英语前缀供大家挑战记忆。记忆之前可以给自己准备一个秒表，看看全部记忆下来大概需要多长时间。

常用前缀	含　义	词　例
a-	表示in，on，at，with，by，of，to等意义	ahead在前头，向前，asleep在熟睡中，ashore在岸上，aside在一边
	加强或引申	afar遥远地，aloud高声地，arise升起
	不、无、非	atypical不典型的，amoral非道德性的，asocial不好社交的
ante-	前，先	anteport 前港，外港，antechamber前厅，前室，antedate以前的日期
anti-	反对、防止	antiwar反战的，antiscience反科学，anti-colonialism反殖民主义
auto-	自己、自动	autoalarm自动报警器，autograph 亲笔签署，auto-timer 自动定时器
bi-	两、双	bicolor两色的，bicultural 两种文化的，bilingual 两种语言的
by-	旁、侧、偏、副、非正式	bystander旁观者，bystreet旁街，by-product副产品

续表

circum-	周围、圆形、环绕	circumfluence周流，环流，circumlunar环月的， circumstance环境
co-	共同（在数学及天文学上表示“余”）	cooperation合作，协作， co-worker共同工作者，同事， comate 同伴，伙伴
col-	用在b，p， m之前 共同	compound混合，混合物， combine联合，companion同伴，同事
con-	共同	concentric同一中心的， concolorous同色的
	加强或引申意义	condense凝结，缩短， confirm使坚定，证实
contra-	反对，相反	contradict反驳，相矛盾，contra-missile反弹道导弹
	加强或引申意义	correlation 相互联系，相关性， orrespond符合，相应
counter-	反对，相反	counteraction反作用，counterrevolution反革命

续表

de-	否定，非，相反	decolonize使非殖民化，denationalize非国有化
	除去，取消，毁	deforest砍伐森林，de-oil脱除油脂，decode解密码，译码
	出，离开，下	debus下汽车，derail使火车出轨，离轨
	向下，下降，降低，减少	depress压低，抑制，devalue 降低价值，贬值，degrade堕落，下降
	使成，作成，加强或引申意义	delimit划定界限，design计划，设计，depicture描绘，描述
dis-	不，无，相反	dislike不喜爱，disloyal不忠心的，disappear不见，消失，disallow不许，拒绝
	取消，除去，毁	disarm解除武装，裁军，dishearten使失去信心，dismask 除去面罩
	加载含有“分开、否定”等意义的单词之前，dis-则作加强意义	dissever分裂，切断，dispart分离，裂开，disannul使无效，废除
	分开，离，裂开	dissect切开，分割，dispel驱散，消除dissipate驱散，使…消散
em-	用在b，p，m之前表示“置于……之内”	embus装入车中，上车，emplane乘飞机，embog使陷入泥塘
	表示“用……做某事”	emplume饰以羽毛，embank筑堤防护，embalm涂以香料
	表示“使成某种状态，致使，使之如，作成”	embow使成弓形，empurple使发紫，embody体现，使具体化

续表

en-	加在名词之前构成动词，表示“置于……之中，登上”	encage关入笼内，encase装入箱中，enroll记入名册中
	加在名词之前构成动词，表示“用……来做某事，饰以，配以”	enchain用链锁住，enrobe使穿长袍，entrap用陷阱诱捕
	加在形容词及名词之前构成动词，表示“使成某种状态，致使，使之如，作成”	enable使能够，encourage使有勇气，enrich使富足
	加在动词之前，表示in，或只作加强意义	enwrap包入，卷入，enclose 圈入，关进，enfold包入
ex-	出，外，由……中弄出	export出口，输入，expose展出，揭露，exclude排外，排斥
	前任的，以前的	ex-president前任总统，ex-major前任市长，ex-soldier退伍军人
extra-	以外，超过	extrapolitical政治外的，超政治的，extralegal法律权力之外的，extraofficial权职之外的
fore-	前，先	foretell预言，foresee预见，forefather前人，祖先
hemi-	半	hemisphere半球，hemicycle半圆形，hemipyramid半锥面
il-	用在l之前，表示“不，无，非”	illegal非法的，illiterate不识字的，illogical不合逻辑的
	加强或引申意义	illuminate照耀，illustrate说明，表明

续表

im-	用在b，m，p之前，表示“不，无，非”	impossible不可能的，immoral不道德的，impure不纯洁的
	向内，入	import输入，入口，imprison投入狱中，immigrate移民入境
	加强意义，或表示“使成，饰以，加以”	impulse冲动，脉冲，impel驱使，推动，imperil使处于危险
in-	不，无，非	incorrect不对的，inhuman不人道的，inactive不活动的
	向内，入	infix插入，inside内部，里面，intake纳入，吸入
	加强意义，或表示“使，作”	inspirit使振作精神，inflame燃烧，invigorate给以勇气，鼓舞
inter-	在……之间，……际	international国际的，intercity城市间的，interpersonal人与人间的
	互相	interact互相作用，interchange互换，interweave混纺，交织
intra-	在内，内部	intraparty党内的，intraday一天之内的，intragroup一组之内的
ir-	用在r之前，表示“不，无，非”	irregular不规则的，irresistible不可抵抗的，irrational不合理的
	向内，入	irruption闯入，侵入，irrigate 灌溉
	加强意义	irradiate照射，放射
mal-	恶，不良，失，不（亦作male-）	maltreat虐待，malposition位置不正，malfunction失灵，故障

如果记忆上面这些前缀仅仅需要十几分钟，那么恭喜你，你的记忆能力已经得到很大的提高了。对于一个记忆高手来说，只需要不到5分钟的时间就可以记

忆完上面的内容。大家多加训练吧！向成为一名记忆高手出发！

（二）后缀篇

通过上面的学习，我们知道了在英语当中存在前缀。下面我们要讲英语中的后缀。前缀改变的是词义，而后缀改变的是词性。什么是词性呢？指的就是名词、动词、形容词等。

1.er表示人、物

teach这个单词是教学的意思，本身是个动词，如果我们给它加上一个表示人、物的后缀er，它就会变成一个名词。teach教学，er人，教学的人是谁呢？没错就是老师了，所以teacher就是老师的意思。

再比如wait这个单词是等待的意思，我们也给它加上一个er，wait等待，er人，等待的人是谁呢？没错，就是服务员，所以waiter就是服务员的意思。

2. ful形容词后缀

这是一个常见的形容词后缀，单词加上ful之后就会变成“……的”。

比如care n.关心，谨慎，加上ful，就变成careful小心的。

hope n.希望，hopeful就是有希望的。

peace n.和平，peaceful和平的。

从以上例子我们不难发现，后缀一般改变的是一个单词的词性，比如一个动词，加上后缀之后可能会变成名词或者形容词，等等。后缀也是英语学习中需要我们掌握的。下面同样，我们来挑战记忆一下后缀吧！以下后缀给自己计计时

er 表示人、物	如：teacher 老师
able 表示可能的	如： movable 可移动的
ful 表示充满	如： beautiful 美丽的
or 表示人、物	如：actor 男演员

ist 表示人　　　　　　如：copyist 抄写员

ment 表示行为　　　　　如：enjoyment 娱乐

ing 表示令人　　　　　如：exciting 令人兴奋的

ed 表示感到　　　　　如：excited 感到兴奋的

less 表示没有的　　　　如： resistless 不抵抗的

ly 副词后缀　　　　　如：gently 轻轻地、intently 专心地

tion 名词后缀　　　　　如：graduation 毕业

记忆完毕，接下来给自己一分钟的回忆时间，然后开始答题。

er表示________

able 表示________

ful表示________

or 表示________

ist表示________

ment表示________

ing表示________

ed 表示________

less 表示________

ly表示________

tion表示________

答题结束之后对照一下，看看自己全对了吗?

下面同样为大家准备了一些后缀，可以给自己计时，看看全部记完需要多久时间。

常用后缀	含 义	词 例
-ability	名词后缀	
	由-able加-ity而成，构成抽象名词，表示性质，状态，含义为“可……性，易……性，可，易”	readability可读性，易读， useability可用性，能用， dependability可靠性
-able	形容词后缀	
	表示：可……的，能……的，易……的，或具有某种性质的，对应副词后缀为-ably。参见上条及下条	knowable可知的， movable能移动的，adaptable可适应的 注：有一部分词无带-bility后缀的对应名词，如：peaceable， laughable，comfortable， valuable， passable，honorable
-ably	副词后缀	
	由形容词后缀-able转成，表示：可……地，……的。参见上条	peaceably和平地， lovably可爱地，changeably可变地
-acy	名词后缀	
	构成抽象名词，表示状态，行为，职权，性质等	supremacy至高，无上， literacy识字，privacy隐居，私下
-ade	名词后缀	
	构成抽象名词，表示行为，状态，事物	escapade逃避， blockade封锁，decade十年
	表示物（由某种材料制成者或按某种形状制成者）	orangeade橘子水， lemonade柠檬水，arcade拱廊
	表示参加某种行动的个人或集体	brigade旅，队， crusade十字军，renegade叛徒，变节者

续表

-age	名词后缀	
	表示集合名词，总称	wordage文字，词汇量， tonnage吨数，吨位， peerage贵族社会
	名词后缀	
	表示场合，地点	orphanage孤儿院， hermitage隐士住处，cottage村舍
	名词后缀	
	表示费用	railage铁路运费， postage邮资，邮费，haulage运费
	名词后缀	
	表示行为或行为的结果	clearage 清除，清理，espionage间谍活动， leakage漏
	名词后缀	
	表示状态，情况，身份及其他	shortage短缺，不足， pupilage学生身份， visage面貌
	名词后缀	
	表示物	package包裹， roofage盖屋顶的材料，bandage绷带
-aire	名词后缀	
	表示人	millionaire百万富翁， solitaire独居者，隐居者， concessionaire特许权所有人
-al	形容词后缀	
	表示属于…的，具有…性质的，如…的	educational教育的， natural自然的，coastal海岸的
	名词后缀	
	构成抽象名词，表示行为、状况、事情	renewal更新， refusal拒绝， survival幸存
	名词后缀	
	表示人	criminal犯罪分子， rival竞争者， rascal歹徒
	名词后缀	
	表示物	manual手册， signal信号， hospital医院

续表

-ality	名词后缀	
	复合后缀，由形容词后缀-al＋名次后缀-ity而成，构成抽象名词，表示状态、情况、性质、…性	personality个性，人格， nationality国籍， logicality逻辑性
-ally	副词后缀	
	复合后缀，由-al+ -ly 而成，表示方式、程度、状态、“…地”	continually 连续地，systematically系统地， conditionally有条件地

以上就是我们这个板块所学习的词根词缀的内容。掌握词根词缀，可以让我们在单词学习中更加轻松和高效，能让我们拥有举一反三的能力。接下来把单词背起来吧！背得越多，记得越多，单词量越大，英语基本功就会越扎实！

第二节　英语文章记忆法宝

接下来我们要学习的内容就是大家最为关注的，如何去记忆文章。众所周知，其实学习英语记单词最好的方法就是背诵文章，因为一篇文章里面不仅有你需要记住的单词，而且还会涉及很多语法，所以背诵文章是你提升英语成绩最好的途径，并且在背诵的过程中你也会逐渐地形成自己的语感。

我读书的时候，英语这门学科让我最头疼的除了记忆单词以外，就是背诵英语课文了。单词相对来说还是比较短的内容，咬咬牙，花点时间也能够记住，但是一旦让我去背诵课文的时候，我就发现，英语学起来实在是太难了。短篇简单的文章还好，死记硬背也能背下来，但是长篇课文要去死记硬背花的时间实在是太久了。于是乎，每次在老师对我们进行抽查的时候，我只能背出课文的前面几句话，然后就不了了之。直到后来我系统地学习了记忆方法，并且成为一名世界记忆大师之后，我才发现其实课文并不是那么难以背诵，只要掌握方法，每个人都可以做到看过几遍就将长篇的课文背诵下来。用对了方法，无论是中文的，还是英文的课文，都可以花更少的时间牢牢掌握。

究竟是什么样好玩的方法，可以帮助我们更快地记住一篇课文呢？那就是记忆宫殿法，这个方法也被称为地点法。在我们的记忆方法中，故事法适用于一些比较短的内容或者信息的记忆，而长篇内容就可以运用强大的地点法来进行记忆。

英语文章的记忆我们需要遵循以下步骤：

（1）将整篇文章熟读一遍，找出自己不认识的单词以及先通读理解整篇文章。

（2）将整篇文章进行拆分，分成一句一句。

（3）将每句话翻译成中文。

（4）将每句中文的关键词和地点进行联想。

比如下面这篇是《新概念英语》中的一篇文章。**第一步，将整篇文章通读一遍，看看里面有没有你不认识的单词。**

I have just received a letter from my brother， Tim. He is in Australia. He has been there for six months. Tim is an engineer. He is working for a big firm and he has already visited a great number of different places in Australia.He has just bought an Australian car and has gone to Alice Springs， a small town in the centre of Australia. He will soon visit Darwin. From there， he will fly to Perth. My brother has never been abroad before， so he is finding this trip very exciting.

第二步，我们一起来将这篇文章进行拆分，看看整篇文章能拆分成几句。以句号为一句的话，我们可以将这篇文章这样拆分。

I have just received a letter from my brother， Tim.

He is in Australia.

He has been there for six months.

Tim is an engineer.

He is working for a big firm and he has already visited a great number of different places in Australia.

He has just bought an Australian car and has gone to Alice Springs， a small town in the centre of Australia.

He will soon visit Darwin.

From there， he will fly to Perth.

My brother has never been abroad before， so he is finding this trip very exciting.

第三步，我们将每一句话翻译成中文。

我刚刚收到弟弟蒂姆的来信。

他正在澳大利亚。

他在那儿已经住了六个月。

蒂姆是一名工程师。

正在一家大公司工作，并且已经去过澳大利亚的不少地方。

他刚买了一辆澳大利亚小汽车，去了澳大利亚的中部小镇艾利斯斯普林斯。

他不久还会去到达尔文市。

从那里，飞到珀斯。

我弟弟从未出过国，所以他觉得这次旅行非常激动人心。

第四步：和地点进行联结。

在进行这一步的时候，你要提前找好9个地点，如果你没有找到地点我们可以一起来找找看。以自己家里为例，从家里的门开始，第一个地点就是门，进了门之后我们一般都会看到一个鞋柜，所以第二个地点是鞋柜，接着继续往前走，我们到达了大厅，然后按照顺时针的顺序环绕整个大厅，可以看到一个非常舒适的沙发，沙发的隔壁有一个茶几，茶几的旁边有一个冰箱，冰箱再往前是一张餐桌，还有凳子。凳子的隔壁有一台电视机，电视的下面是一个储物柜。接下来，我们一起在脑海当中回顾一下家里的地点。首先是门，然后是鞋柜、沙发、茶几、冰箱、餐桌、凳子、电视、储物柜。好的，已经回忆完了吗？在记忆之前我们需要对地点非常熟悉，只有这样接下来才方便记忆和回忆。

1门　2鞋柜　3沙发　4茶几　5冰箱　6餐桌　7凳子　8电视　9储物柜

有了地点之后，那么我们接下来就可以将句子和地点进行联想记忆了。

1.门：想象着你在门那里收到弟弟蒂姆的来信。（I have just received a letter from my brother，Tim.）

2.鞋柜：打开鞋柜一看，鞋柜里面没人，原来他现在在澳大利亚了。（He is in Australia.）

3.沙发：想象着他已经在沙发那儿住了六个月了。（He has been there for six months.）

4.茶几：茶几坏了的时候都是蒂姆修的，因为蒂姆是一名工程师（Tim is an engineer.）

5.冰箱：想象中着这个冰箱非常先进和昂贵，买得起这冰箱的人现在正在一家大公司工作，并且已经去过澳大利亚的不少地方。（He is working for a big firm and he has already visited a great number of different places in Australia.）

6.餐桌：餐桌上摆放着一辆刚买的澳大利亚小汽车，这汽车曾去过澳大利亚的中部小镇艾利斯斯普林斯（He has just bought an Australian car and has gone to Alice Springs，a small town in the centre of Australia.）

7.凳子：坐在凳子上的人，不久会去到达尔文市。（He will soon visit

Darwin.）

8.电视机：有一个人从电视那里，飞到珀斯。（From there， he will fly to Perth.）

9.储物柜：储物柜里有个弟弟，这个弟弟从未出过国，所以他觉得这次旅行非常激动人心。（My brother has never been abroad before， so he is finding this trip very exciting.）

记忆完毕之后，我们可以在脑海中回顾一下所有的画面以及句子，如果有想不起来的地方可以睁开眼睛再看看复习一下。如果你已经复习完毕，那么我们就一起检测一下你有没有把内容都记住吧！

1.门__________________________________

2.鞋柜__________________________________

3.沙发__________________________________

4.茶几__________________________________

5.冰箱__________________________________

6.餐桌__________________________________

7.凳子__________________________________

8.电视__________________________________

9.储物柜__________________________________

如果你默写正确的话，那么恭喜你，你已经掌握了文章记忆的核心——善于利用地点法进行记忆。不知道你有没有发现，运用地点法进行记忆是不是更加简单呢？是的，因为心理学家对人类的短时记忆能力进行过深入研究，发现人在短时间内能够记住的信息量在7±2个单位，也就是说，你在短时间内能够记住的信息的量在5~9个单位之间。而要记忆的信息的量一旦超过了这个数量，要记下来就特别困难。所以在记忆一篇文章的时候，如果要求你一次性记住一整篇内容你会觉得很有难度，但是如果每个地点上只需要记忆一句话，你会发现难度似乎下降了，你可以很轻松地记住一句话。地点法就是将我们要记忆的内容化繁为简，将每一次要记忆的信息的量减少，你就能够更轻松地记住我们想要记住的内容了。就好比要求你一次性抬起100斤的东西的时候你会觉得很困难，但是如果找10个人来每个人帮你抬10斤你就觉得没那么困难了。这就是地点法可以让我们更轻松记忆的原理。

接下来我们就一起来练习一下吧！下面有几篇英语文章，根据大家的英语水平分别选取了小学、初中和高中水平的文章各一篇，用我们刚刚学会的地点法来记忆，看看你能不能记住吧！记得准备个秒表给自己计时，看看自己需要多长的时间把一篇文章记忆下来。

1.Today I'm very happy，after I have breakfast，I go to park.It's a sunny day the bird is singing，I'm singing too.When I get to park，I see some girls are playing games ， so I join them.We play very happy.Then I have lunch with my friends.We both have a good time.What a happy day.

地点：

所花时间：

默写：

2.It was Sunday. I never get up early on Sundays. I sometimes stay in bed until lunchtime. Last Sunday I got up very late. I looked out of the window. It was dark outside. “What a day!” I thought.，“It's raining again.” Just then， the telephone rang. It was my aunt Lucy. “I've just arrived by train，” she said, “I'm coming to see you.”

"But I'm still having breakfast," I said. "What are you doing?" she asked. "I'm having breakfast," I repeated. "Dear me!" she said, "Do you always get up so late? It's one o'clock!"

地点:

所花时间:

默写:

3.Experiments have proved that children can be instructed in swimming at a very early age. At a special swimming pool in Los Angeles, children become expert at holding their breath under water even before they can walk. Babies of two months old do not appear to be reluctant to enter the water. It is not long before they are so accustomed to swimming that they can pick up weights from the floor of the pool. A game that is very popular with these young swimmers is the underwater tricycle race. Tricycles are lined up on the floor of the pool seven feet under water. The children compete against each other to reach the other end of the pool. Many pedal their tricycles, but most of them prefer to push or drag them. Some children can cover the whole length of the pool without coming up for breath even once. Whether they will ever become future Olympic champions, only time will tell. Meanwhile, they should encourage those among us who cannot swim five yards before they are gasping for air.

地点:

所花时间：

默写：

记忆力的训练是一个循序渐进的过程，刚开始练习的时候我们可以从一些简单的文章开始。当熟练地掌握这种方法之后，我们再来尝试着记忆一些比较难的英语文章，只有这样循序渐进地学习，我们最终才能让我们的记忆能力得到快速提升，一定要记住，欲速则不达，急躁会让我们把握不住记忆的技巧。所以，开始练习起来吧！

第四部分

竞技趣味记忆技术

第十章　世界记忆锦标赛

相信大家都曾经在最强大脑或者其他综艺节目上见到过许多不可思议的记忆力超强的人，这些人仿佛是上天眷恋的宠儿，他们能在很短的时间内就记下常人所无法记忆下来的大量信息，甚至有人能将新华字典、牛津字典等内容全部背诵下来，这些人就是——世界记忆大师。世界记忆大师看似神奇，也许很多人会觉得他们是天生的天才，但其实，世界记忆大师们的记忆能力和普通人差不多。说到这里，你可能在想，这怎么可能呢？和普通人一样的话为什么他们能够在几十秒的时间里就记住一副随机打乱的扑克牌、一分钟记住上百个随机数字。原因很简单，因为他们是掌握了正确的记忆方法以及经过专业记忆训练的一群人，其实只要掌握正确的方法并进行训练，你也可以成为世界记忆大师。世界记忆大师来源于一个神秘的比赛——世界记忆锦标赛，这是全球顶尖的记忆力赛事，如果你能够在这个比赛中拔得头筹，那么说明你对记忆技巧的运用已经达到了顶尖的水平。接下来的内容涉及一些比较专业的内容，部分内容可能初学者难以理解，不过没关系，当你记忆力训练到一定水平再回来看这些内容的时候，你一定会有新的收获。下面我们将会带领你们一起去探寻神秘的世界记忆锦标赛，一起来了解一下最强大脑的摇篮吧！

第一节　世界记忆锦标赛介绍

世界记忆锦标赛（World Memory Championships）是由世界大脑先生、思维导图发明者、世界记忆之父东尼·博赞先生和世界著名象棋大师雷蒙德·基恩共同发起，由世界记忆运动理事会（WMSC）组织的世界高水平的记忆赛事。

世锦赛 LOGO

世界记忆锦标赛的历史可以追溯到1991年，东尼·博赞提出申办世界性高水平的记忆运动，立刻得到包括列支敦士登皇室在内的社会各界的欢迎。第一届世界记忆锦标赛在英国大脑基金会的赞助下举行。

2004年墨西哥国际赛事有65家国际媒体进行全程直播，伦敦《泰晤士报》更是将2004年赛事列为头版新闻予以报道。2017年中国深圳举办的世界记忆锦标赛上，中国记忆训练思维专家方然领导的未来智谷全场直播，进一步为中国推广此项赛事。迄今为止，世界记忆锦标赛已在以下国家成功举办：英国、美国、中国、澳大利亚、南非、新加坡、德国、马来西亚等。随着赛事的影响力日益扩大，越来越多的国家开始重视并参与这项竞赛中，世界强国都会派选手参赛。

经过29年的发展，造就了无数大脑明星的世界记忆锦标赛已经成为在脑力奥林匹克运动方面有巨大影响力的国际性赛事，每年都有来自世界各地二十多个国家的成千上万名记忆选手报名参加，它代表了世界上记忆技术高水平的国际性大脑思维竞技赛事。

在中国，江苏卫视连续四季的《最强大脑》节目邀请的国内外选手，80%以上都来源于在世界记忆锦标赛中历练过的优秀赛手，他们中的大多数人都拥有世界记忆大师资格证书，有的甚至是多个项目的世界冠军、全能项目的全球总冠军！

在这项著名的全球性记忆竞赛中，纪录不断被刷新。例如，在2015年的第四届德国南部记忆锦标赛公开赛上，西蒙·雷哈德在20.44秒内记住了一副被洗乱顺序的扑克牌，打破了由中国选手王峰在2010年第19届世界记忆锦标赛上创立的24.22秒的世界纪录。而在2015年第24届世界记忆锦标赛中，来自美国的总冠军得主亚历克斯·马伦记忆一副被洗乱顺序的扑克牌只用了21.504秒的时间。在2017年第26届世界记忆锦标赛中，来自中国的邹璐建更是以13.956秒记住一副扑克牌的惊人成绩大幅刷新了原来20.44秒的世界纪录。在很多年里，在30秒钟之内记忆一副扑克牌被看作相当于在体育竞赛中打破4分钟跑完1英里的纪录；而这样的成绩水平，在世界竞技的赛场上，已经有越来越多的人可以达到。人类有着无限的潜能，越挑战、越多奇迹产生！

世界记忆锦标赛的四种竞赛等级：

城市赛：在各个城市举行的竞赛，然后各组别根据分数来确定晋级国家赛或国际赛的名额。

国家赛：国家最高级别的赛事，国家赛出线的选手晋级世界赛。

国际赛：又称公开赛，每年不定期举行，让各个国家的选手同台竞技交流，现在国际赛的分数会带入国家赛参与世界赛晋级选拔。

世界赛：这是顶级的赛事，是高手必争之地，也是获得世界记忆大师必须参加的赛事。

世界记忆锦标赛的晋级方式：

城市赛→国家赛→世界赛

注：国际赛一般是独立的，但可能会参与晋级世界赛。同时，参赛人员较少的国家一般直接晋级世界赛。

世界记忆锦标赛的竞赛共有十大项目：

人名头像、二进制数字 、马拉松数字、抽象图形、快速数字 、虚拟历史事件、马拉松扑克 、随机词汇、听记数字 、快速扑克 。

晋级方式 十大项目	城市赛	国家赛	国际赛	世界赛
人名头像	5分钟	15分钟	15分钟	15分钟
二进制数字	5分钟	30分钟	30分钟	30分钟
马拉松数字	15分钟	30分钟	30分钟	60分钟
抽象图形	15分钟	15分钟	15分钟	15分钟
快速数字	5分钟	5分钟	5分钟	5分钟
虚拟历史事件	5分钟	5分钟	5分钟	5分钟
马拉松扑克	10分钟	30分钟	30分钟	60分钟
随机词汇	5分钟	15分钟	15分钟	15分钟
听记数字	100秒和300秒	100秒和300秒	100秒、300秒、550秒	200秒、300秒、550秒
快速扑克	5分钟	5分钟	5分钟	5分钟

记忆大师终身荣誉称号：

选手在官方认可的世界赛中，如果成绩达到相关要求，分别授予以下称号并颁发证书。

1.**国际记忆大师 International Master of Memory（IMM）**

* 1小时内记住1400个随机数字

* 1小时内记住最少14副（728张）扑克牌

* 40秒内记住1副扑克牌

* 达标当年须10个项目都已参赛，且总分达到 3000 分以上

注：三项标准都要达到。但是，三项标准不一定要在同一年达到。

2.特级记忆大师 Grandmaster of Memory（GMM）

*先要达到IMM要求

*在当年的世界赛中获得最少5500分的首5名选手

注：每年只评出5个新的GMM名额，已经获得过GMM证书的选手不会重复颁发。

3.国际特级记忆大师 International Grandmaster of Memory（IGM）

*在世界赛中获得最少6500分的选手

注：每年不限名额数量。

记忆竞赛对于提升我们的想象力、记忆力、专注力，都是非常有帮助的。数字记忆，不是机械地死记硬背，而是要把抽象、枯燥的数字，通过活泼的想象力，转化为生动的图像，像看电视、看电影、看动画那样来进行记忆。这个过程中，我们的想象力得到了训练，把原本枯燥乏味的资料，变成了有趣好玩的画面，有了这种化腐朽为神奇的能力，我们自然就能专注在学习之中。

而马拉松记忆，要求在一个小时记住1040个以上的数字或11副以上的扑克，一小时记忆再加上一小时回忆，连续两个小时的高强度专注，这对于提升我们的专注力，有巨大的帮助。

通过记忆训练，有效地提升我们的专注力，必然能极大提升学习和工作的效率。很多的学员参加了记忆竞赛，开启了更加美好的人生！

第二节 赛前必看——地点桩精讲

在比赛当中大部分项目我们都是用地点法来进行记忆的，那么这个时候作为记忆的载体，地点桩的选取就至关重要了，好的地点桩将会让我们在记忆的过程中事半功倍。接下来，我们就来详细地了解一下专业的记忆选手是如何选取地点桩的吧！

1. 定桩法记忆方法

记忆宫殿中有序的事物我们就称之为“桩”，主要是作为承载信息的载体。现在我们来看记忆的过程。

第一步：将信息图像化。

第二步：图像放在桩上记忆。

第三步：回忆的时候我们依次回忆桩，再想到桩上的图像，然后转译为原有的信息，这样整个记忆回忆过程就完整了。

第四步：快速定位，需要哪部分信息，通过桩的顺序迅速定位，再提取出对应的信息，这就是点背、倒背的原理所在。

2.桩有哪些类别

依照桩的构成内容可分为：地点桩、数字桩、身体桩、人物桩、文字桩、万事万物有序事物桩。

依照桩的真实特性可分为：实体桩和虚拟桩。

依照桩的空间特性可分为：室内桩和室外桩。

3.什么是地点桩

顾名思义，地点桩就是将地点当作桩子来用，目前绝大部分的竞技选手都采用地点桩进行比赛。这种技法就被称为：定桩法。

仔细思考一下地点桩的实质是什么，是安放的编码的位置吗？又或是安放编码的空间呢？地点桩的实质就是一组组有序的空间。但空间中的实物又是不可或缺的，一方面是它构成的这个空间，另一方面它给这个空间戴上了特征标识以让你能把它与其他空间区分开来。

4.虚拟桩适合竞技吗

使用虚拟桩，主要用在这样的情况下：这个地点桩不太好用，我们会在脑海中对它进行加工再处理。但是，它始终是建立在实物的基础之上的，当然，它是虚拟桩，真实情况的不是这样的。

目前，90%以上的竞技选手用的都是实物桩。为什么？这是由于虚拟桩本身存在缺陷。

虚拟桩本身的空间感很难感受。我们身处一个真实空间，会不经意间注意到这个空间的很多细节如方位、感受等。但是虚拟桩大都是图片形式，是二维的，你体会不到那种空间感，哪怕是3D图形，也很难让你身临其境。

虚拟桩缺乏路线感。大多数虚拟桩的展示都是上帝视角的，一览无余。但是现实情况下你是走过去观察的，这里面就有路线，有方位。

这就造成用虚拟桩来记忆是不深刻的，就像是在纸上作画一样，记忆的深度不够，就很容易忘记，这就是竞技选手大多不采用虚拟桩的原因。

当然，虚拟桩也有自己的优势：快速扩容。制定1000个虚拟桩可能只需要几天，但是找到1000个实体桩可能要好几个星期。但是，想要成为一名高水平竞技选手，你必须克服找桩这个困难，必须自己去找桩。

5.室内桩和室外桩有什么差异

有的选手认为室内桩好，有的选手认为室外桩好。我们来分析二者的特点：

室外桩大多是路线桩，跨度大，空间广，多连续。

室内桩大多空间小，但是组与组之间跳跃性比较强。

二者的特点造就了以下的差异：

桩的大小差异。室内桩普遍比较小，室外桩偏大一些。

桩与桩之间的距离差异。室内桩距离短，室外桩距离较长。

转桩的连续性差异。室外桩会更好。随着熟悉程度的提升，差距最终不明显。

找桩难度的差异。室外桩是比较难找的，每次找桩需要进行长距离步行。室内桩相对来说找桩容易一些，但是桩重复度比较高。

6.地点桩的选取有什么原则呢

原则一：稳

这里的稳有两层意思：一是地点桩本身要稳，随风飘的芦苇、斜着看起来可能要倒的瓷器不会是好的地点桩的选择。二是编码能够放置得稳，放在斜坡上或者竖的电线杆不是很好的地点桩。

如果做不到“稳”，在记忆的时候你就会担心“会不会掉下去？”“会不会倒掉？”“会不会靠不上去？”等问题，这就是“记忆影响状态”，在这种状态下记忆效果是比较差的。

原则二：空间大小合适

认识到地点桩的本质是空间后，针对空间的大小限制就很好理解了。什么叫合适？即大多数情况下你的编码都可以很自然地放置在这个空间内。空间太大和太小都会带来问题：空间太小编码就看不清，而且显得太空旷；空间太大则编码需要进行缩放，或者硬放进去把背景全部遮挡了。这些都是不太好的现象。

7.地点桩的选取推荐

推荐一：桩与桩之间距离合适

距离要是太近，后一个地点桩上的图像容易受到前一个的干扰。距离太远的话又会有比较大的不连续感。关于这个距离只能给出一个参考值0.5~10米。

推荐二：高度合适

地点桩的高低也会影响你的记忆情况。太高的话需要抬头去看，这样就容易打乱记忆节奏。太低的话不容易看到编码，还容易受到光线昏暗的影响。合适的高度是：以45° 角往下看，距离2米左右能看到全貌。

推荐三：光线合适

这个就很容易理解了，太暗了看不清，太亮了又太刺眼。所以傍晚时分找桩、阴雨天找桩都不是一个好的选择。

8.地点桩的选取禁忌

禁忌一：忌平面

用一堵墙做地点桩行不行？尽量不要，因为一堵墙太单调了，不容易对大脑产生空间的刺激，同时，墙一般太大了容易显得空旷。平面给人的感觉就是将三维降成了二维，这是很不好的体验。所以不推荐地点桩呈现比较明显的平面状态。一般地点桩的路线也不会是直线，而是曲曲折折的，都是同样的道理。

禁忌二：忌动态

桩不要是动态的东西，这个很好理解，因为你会担心桩跑了。

禁忌三：忌视角转换过大和路线交叉

这是涉及桩的视角转换问题，我们从一个桩到相邻另外一个桩的视角尽量控制不要太大，否则会给你的记忆带来额外的负担——你要考虑是转头或者是转身。这就很不方便了，不仅影响速度还影响记忆正确率。

路线不要交叉的原因就是要保持视角的可确定性，一旦交叉可能你就分不清方位了，同时还有可能造成你下一个桩的视野里面出现之前的桩从而影响你的焦点。

9.如何找地点桩？

第一步：准备工作

确定要去找地点桩的地方；确定每个地方大致要找多少桩；研究好交通工

具；带好必备物资，例如拍照工具、钱包、雨具、手机、充电宝等。

一般情况下去学校、小区、公园、医院、政府机关、商城、超市、体育场、游乐场等地方。

第二步：拍照

地点桩是不是一定要拍正面呢？当然不是。基本是按照正常的路线视野来拍的，不然在记忆的时候会存在一个调整视角的动作。推荐与桩距离一般1.5~2.5米，斜45° 左右向下拍，照片中一定要展现出物体形成的用于放置编码的空间。

第三步：及时复习

每拍完一组地点桩，强烈建议大家立即过一遍，不熟悉的看图片回想一下，顺畅地记住之后再去拍下一组地点。一天的地点拍完之后，晚上回去把所有地点过一遍。接下来的记忆训练中，优先使用不熟悉的地点，可以让你更快地掌握住新的地点。

第四步：整理

地点桩整理可以帮助我们快速地熟悉地点，也能让我们在长久在不用地点后快速地捡回地点。与编码闪视相同的方式，推荐进行地点桩闪视训练。

10.一组地点桩要多少个

很多人有个误区，一组地点桩要30个。这30个只是教学给出的一个参考值，而不是必须值。一组地点桩多少个根据什么而定呢？

第一：根据记忆材料而定

例如抽象图形这个项目，一页10行，如果一行采用2个地点桩记忆，那一页就需要20个地点。如果采用30个一组的话每组就是1页半的记忆量，这是很不舒服的。所以推荐抽图的地点桩就是一组20个。

再例如扑克地点桩，只需要26个，如果使用30个剩下的那4个就处于长期闲置状态，这是浪费资源。

第二：根据记忆能力而定

例如快速数字，对于高手，可能前面一次就记忆300再复习，那就需要75个地点桩。这样的情况下通常一组就是75个，分开的话会有连续性不好从而造成记忆节奏不好的问题。

所以，随着竞技水平越来越高，地点桩的每组数量是要更新的，从而保证记忆节奏更好。

11.如何让编码在地点桩上记忆得更深刻

第一：让图像出得清楚

在图像记忆中很好理解，图像越清晰，记得自然越深刻。

第二：让场景中的信息更丰富

研究表明：动态的、有逻辑的、夸张的、感情的、具有强烈刺激的事物对大脑的刺激更强，所以我们要适当地偏向这个方向，例如让编码动起来，给编码出现在这里和做动作想一个合理的逻辑、让编码和动作夸张化，等等。主要的目的就是增加我们记忆信息的层面。

第三：让编码与地点桩互动

这主要是为回忆准备的。虽然记住了编码，但是回忆的时候想不起来或者不知道是在哪个地点桩上，这和没记住一样的。所以要让编码与地点桩产生互动。怎么互动呢？有两种方式：一种是重度互动，例如编码破坏地点桩，这种互动很直接。另一种是轻度互动，例如轻轻碰一下、放在特定物体上面等，这种感觉轻盈，更主要目的是将编码和地点桩做适当联系从而出图。

第三节　十大比赛项目规则及训练方法

项目1　人名头像记忆

目标：在规定时间内记忆人名和头像，并于回忆时将人名跟头像正确搭配，记得越多越好。

项目	城市选拔赛	中国赛	世界赛
记忆时间	5分钟	5分钟	15分钟
回忆时间	20分钟	20分钟	35分钟

记忆部分

（1）每张不同人物的彩色照片（没有背景的头肩照）下有姓和名。

（2）头像的数目为现时世界纪录加20%。

（3）人名为随机编排，以避免选手从头像的种族得到提示。

（4）人名中包含不同的种族、年龄和性别的头像。其中男女比例为1:1，成人和小孩比例为4:1，大约三分之一的成人会是15~30岁，三分之一为31~60岁和60岁以上的长者。

（5）姓和名是随机编排的（例一个人可能会有欧洲人的姓氏和中国人的名字）。

（6）名字根据性别分配（例女性名字只会配女性头像）。

（7）在比赛中，每个名字或姓氏只会出现一次。

（8）带有连字符号的名字（如苏—爱伦或巴顿—史高夫）将不会使用，因为于一些地方（如中国）会视为两个名字。

（9）对于用英语作答的选手请注意中文名字如果是两个字，翻译成英文后会以一个字书写，且当中的第一个字会以大写起头。如建邦，翻译成英文就是Kinpong。

（10）对于用英语作答的选手请注意有些名字或会有重音符号，但作答时并不需要写上，分数不会因没有重音符号而减少。

（11）地区赛事中不能有任何族群倾向。例：法国赛事中不能只有法国人的名字。所有地区和世界纪录如有族群倾向，将以0分记。

照片的编排为以下其一：

每张A4纸中有三行，每行三张的照片；

每张A3纸中有三行，每行五张的照片；

每张A3纸中有四行，每行六张的照片。

选手如不使用欧语字母（如中文、阿拉伯文或北印度文）可于比赛前最少两个月向组委会提要求，将问卷翻译为其所用的文字。

（12）选手可以使用直尺、笔等文具。

回忆部分

（1）答卷上彩色照片的规格与问卷一样，只是照片顺序会打乱，并且没有姓名。

（2）选手必须清晰地于照片下方写上正确的姓和名。如问卷中有多于一种文字（如：英文和简体中文），选手只能选其中一种文字作答。

（3）最新的答卷中，在每张照片下面会有两条隔开的横线。选手要在第一条横线上写上名，第二条横线上写上姓，不可颠倒或者写在两条横线中间。

计分方法

（1）正确的名字得一分。

（2）正确的姓氏得一分。

（3）若只写上姓氏或名字亦可得分。

（4）问卷上不会有重复的姓氏或名字。同样地，答卷上不应有重复的姓氏或名字。如有姓氏或名字在答卷上重复多于两次，例如，写了三个马文，则答卷的分数根据姓氏或名字每个扣0.5分。所以，请选手不要写同一个信息（姓或名）超过三个。

（5）错误填写的姓氏或名字得0分。

（6）姓氏和名字，其次序必须跟问卷的相同。如次序颠倒，便作0分计。

（7）没有姓氏或名字将不会倒扣分。

（8）总得分有小数点时，四舍五入。

（9）如同时使用第一种语言作答，第一种正确答案都将不获得分数。例如大部分答案为简体中文和有一个英文的答案，使用英文作答的部分将不获分。

（10）如有相同分数，胜出者为较少犯错的一位。

记忆方法篇

人名头像对于大多数中国选手来说是比较难的一个项目，因为在比赛当中我们遇见的基本都是外国人名，外国人名相对中国人名来说比较拗口，记忆难度也比较大。比如亚历克斯、卢克比等，我们在人名转化成图像的过程比较难，不太容易出图，并且回忆的时候也容易出现写错字的情况。如我们在记忆过程中记的人名是“爱丽丝”，回忆的时候可能会写成“爱丽斯”或者“艾力斯”。之所以出现这种错误是因为我们在对人名的转换过程中大多数是通过谐音，所以回忆的时候写错字是很正常的，但不用担心，大多数人名的一些字都是固定的，比如“埃里克森”一般都是这个“埃”而不会是其他字。只要训练量足够，错字的情况很少发生。

人名头像既是一个比较难的项目也是一个比较简单的项目，在记忆之前我们需要遵守以下记忆原则：

第一，超过三个字的人名不记，建议只挑两个字或一个字的人名来记，因为你花在记一个三个字的人名的时间可能足够记两三个只有两个字的人名了。所以尽量“跳过长，只记短”，如果你是个强迫症患者非要按题目顺序一个个记完的话，那只能说加油了。比赛的题库是完全足够的，不用担心只有两个字的人名不够。

第二，对于比较难出图或者很耗费时间出图的人名不记，直接跳过。如果你遇见某个人名很难出图，超过三秒脑海中还没有图像的时候，放弃，进入下一个。

第三，记忆过程以稳为主，不要只追求速度。人名头像是个较难的项目，它不像数字编码一样，某些信息遗忘了还能找回来，所以记忆过程中尽量把握平稳的记忆节奏，确保自己有回忆的线索，出图清晰，能够根据人物的特征回忆起人名。

人名头像是怎么记的呢?

人名的记忆方式只需要把握两个点，一是找人物身上的特征，二是对人名进行转化图像，最后只需要将两者联想联结在一起便可。

第一阶段：找人物身上的特征

人物的特征很简单，比如耳环、项链、戒指、手势、头发、衣服等，一般特征点只找一个，给我们提供回忆的线索就可以了

比如：亚历山大·乔布斯　　乔纳斯·基隆　　爱丽丝·方

（头发比较少）　　（手臂举起）　　（头发上有发夹）

记忆三部曲：

（1）比如第一个人，假设他头发比较少，我们那就找他的头发作为联想点；特征找好之后我们来看一下人名，先看姓“亚历山大”，我们可以稍微谐音一下“压力山大”，“乔布斯”我们很容易想到苹果的创始人，如果你不认识他也没关系，我们可以联想到苹果手机，去替代“乔布斯”；最后就是联想了，想象着这个男人压力山大，天天都要拿着苹果手机和乔布斯打电话，导致头发都掉光了。

（2）第二个人如果举起了手臂，把这作为联想点，“乔纳斯”可以想到“桥那死”，“基隆”谐音成“鸡笼”；联想就是，这个男人走到桥那就死了，

因为手臂上抬的鸡笼太重了。

（3）第三个人头上有发夹，把发夹作为特征点，然后看人名“爱丽丝”可以转成“爱护美丽的发丝”，“方”谐音成“芬芳的气味”想象这个女性很爱护她美丽的发丝，不仅味道芬芳，还有个可爱的发夹。

第二阶段：人名转化

例如：卡次米　卡吃米

人名转换，请将下面人名转成图像：

人名	
埃德	
凯文	
沃拉格	
路扎奥	
道格拉斯	
图马拉	
詹那	
伊达尔	
杰维里	
巴卡尔	
田亚楠	
保亚	
苏丹丹	
巴丹	
奎瓦斯	
苏德	
丰塞卡	
金明	
奥格	

在实践过程中，为了方便我们对人名进行转换，一些常见的字我会对其进行编码，方便对人名进行拆分转换。比如，“奥格”的“奥”编码成“奥特曼”这样在记的时候就可以转成“奥特曼的哥哥（格）”，又比如有个名字叫“奥德

利”就可以迅速转化成“奥特曼得到一把利剑”。这种方式有点像对我们中国人名中的姓进行编码，因为“奥”“阿”“埃”“艾”“亚”“苏”等字比较常见，实践过程中亲测有效，建议对其进行编码。

首字	编码	你的编码
阿	阿姨	
埃	埃及金字塔	
亚	亚瑟	
苏	苏打水	
奥	奥特曼	
沃	沃	
菲	飞利浦剃须刀	
图	图画	
路	路口	
鲁	鲁班	
乔	桥梁	
艾	艾草	
巴	巴掌	
奎	蝰蛇	
田	田地	
杰	杰克	
扎	扎针	
凯	凯迪拉克汽车	
卡	卡片	

获取人名头像试题可以关注微信公众号“记忆小师甘考源”或“苏是苏泽河”

自我总结

人名头像训练记录

<table>
<tr><th rowspan="2">日期</th><th colspan="2">记录</th><th rowspan="2">经验总结</th></tr>
<tr><th>记忆时间</th><th>成绩</th></tr>
<tr><td rowspan="3"></td><td></td><td></td><td rowspan="3"></td></tr>
<tr><td></td><td></td></tr>
<tr><td></td><td></td></tr>
<tr><td rowspan="3"></td><td></td><td></td><td rowspan="3"></td></tr>
<tr><td></td><td></td></tr>
<tr><td></td><td></td></tr>
<tr><td rowspan="3"></td><td></td><td></td><td rowspan="3"></td></tr>
<tr><td></td><td></td></tr>
<tr><td></td><td></td></tr>
<tr><td rowspan="3"></td><td></td><td></td><td rowspan="3"></td></tr>
<tr><td></td><td></td></tr>
<tr><td></td><td></td></tr>
</table>

项目2　二进制数字

目标：尽量记下更多的二进制数字（例011011）。

项目	城市选拔赛	中国赛	世界赛
记忆时间	5分钟	5分钟	30分钟
回忆时间	20分钟	20分钟	90分钟

记忆部分

（1）计算机随机产生的数字，每页25行、每行30位（即每页750个数字）。

（2）一进制字的数目为现时世界纪录加20%。如果选手可以记忆更多的数字，须在比赛前一个月向组委会提出书面申请。

（3）选手可以使用直尺、笔、透明薄膜等文具协助记忆。

回忆部分

（1）选手的答卷字迹必须清楚。修改时，不要直接将错写的0改为1，或者将错写的1改为0。应该先划掉错误的1或者0，然后在旁边空白处写上正确的0或1。

（2）选手答题时必须按照顺序。如果写错位了或者写漏了要插入，必须清楚地标记，同时在答卷空白处做文字说明。如果修改太多，建议直接举手要求裁判给一张新的答卷作答。

（3）选手可选择以空白格代替0。但每页的作答必须一致，即全是空白格或全是“0”。如果所有的空白格将当作“0”，结束行必须有该行完结的记号。

（4）在最后的一行中，选手必须做出一个清楚的完结记号，如“stop”、end'、“E”、“e”或在最后作答的一格后划上条横线。

计分方法

（1）完全写满并正确的一行得30分。

（2）完全写满但有一个错处（或漏空）的行得15分。

（3）完全写满但两个错处（或漏空）及以上的一行得0分。

（4）空白行数不会倒扣分。

（5）对于最后一行，如最后的一行没有完成（例只有写上20个数字），且所有数字皆为正确，其所得分数为该行作答数字的数目。

（6）如最后的一行没有完成，但有一个错处（或中间漏空），其所得分数为该行作答数字的数目的一半（如有小数点，采取四舍五入法）。

（7）如有相同的分数，将在选手已作答而没有得分的行中，以每个正确作答的数字为1分进行计分决定，决定分较高者获胜。

记忆方法

二进制的记忆方法比较简单，我们把二进制以三个为单位分开来的时候，我们会发现，0和1组成的三位二进制只有8种可能，那我们就可以把下面所有的可能性转化成相应的数字：

二进制转十进制表

000	001	010	011	100	101	110	111
0	1	2	3	4	5	6	7

比如我们要记住010 111 000 111 ，对应上表把它转化过来就是2 7 0 7，只要我们记住2707这四个数字，就记住了010 111 000 111。方法比较简单。

记忆三部曲

比赛过程中这个项目我们是可以动笔的，可以先将二进制翻译成相应的数字。翻译记忆二进制大概有三种方法，第一方法是用笔在纸上写进行翻译（然后再记），第二方法是边翻译边记，第三方法是在脑中边翻译边记。练到后期都是用第三种翻译方法，可以节约大量的时间。

比赛时用的卷子是一行30个，共25行，总共750个二进制，那么多久翻译完一页二进制是比较合适的呢？

第一种方法翻译二进制2分钟翻译完一页为合格，1分半翻译完为优秀（用这个方法，一定要对翻译时间进行严格把控，记住“记多少就翻译多少”的原则，避免翻译的太多却记不完的情况）。

第三种方法90秒联结完为合格，70秒为优秀，60秒为大神。

第二种方法和你本身的记忆速度有关，所以不设标准，相对来说比较有难度，需要在不断练习中去适应。

接下来一起进入实战练习吧！

二进制问卷

0 1 1 1 0 0 0 1 0 1 1 1 0 0 0 0 1 1 1 0 0 0 0 1 0 0 1 1 1 0

0 1 1 0 0 0 0 0 1 0 0 1 1 1 1 1 1 0 0 0 1 1 0 0 0 1 0 1 0 0

0 0 1 1 0 1 0 0 0 1 1 1 0 1 1 0 0 0 1 1 1 0 1 0 1 0 1 0 0 0

0 1 1 1 0 0 1 0 0 1 0 0 0 1 1 0 0 1 1 0 0 0 0 1 1 0 0 0 0 1

1 1 0 1 1 0 1 1 1 0 1 1 1 1 1 1 0 0 0 1 0 0 0 1 0 0 0 1 1 1

1 1 1 0 1 1 1 1 0 1 1 0 1 0 0 0 0 0 1 1 1 1 1 0 1 0 1 0 0 0

0 0 0 1 0 1 1 1 1 1 1 1 1 1 0 0 1 1 0 1 1 1 1 1 0 1 1 0 0 1

1 0 1 1 1 0 1 1 0 0 1 0 0 1 0 0 0 1 0 1 0 0 1 0 1 1 1 0 1 1

1 0 0 0 0 1 1 1 0 1 1 1 1 0 1 1 0 1 0 0 0 0 1 0 0 0 0 1 0 0

1 1 1 0 0 1 1 0 0 0 0 1 0 1 1 1 1 1 0 0 1 0 0 1 1 0 0 1 1 1

0 1 1 1 1 1 0 0 1 1 0 0 0 1 0 1 0 0 0 0 0 0 0 0 0 1 0 0 1 0

0 0 1 0 1 1 0 0 0 0 1 0 0 1 0 0 0 0 1 0 1 1 1 0 1 0 0 0 1 0

1 0 0 1 0 1 1 1 0 1 0 0 1 1 1 1 0 0 0 0 0 0 1 0 0 0 1 0 1 1

1 0 0 1 0 0 1 0 0 0 0 1 0 0 0 1 1 1 0 1 0 1 1 1 0 1 1 1 1 0

1 0 0 1 0 0 0 1 1 0 1 1 1 1 0 0 0 1 0 0 0 0 1 1 0 0 0 1 1 1

0 0 0 1 1 1 0 1 1 1 0 1 1 0 1 1 1 1 1 0 1 0 0 1 0 0 1 1 1 0

0 1 0 1 1 0 1 0 0 1 0 0 1 1 0 1 0 0 0 1 1 1 1 0 1 0 1 0 0 0

0 0 0 0 0 0 1 1 0 0 1 0 1 0 1 1 0 1 1 0 0 0 1 1 0 1 0 1 0 0

1 1 1 0 0 0 0 1 1 0 1 0 1 0 1 1 1 0 0 1 1 1 1 1 1 0 1 1 1 0

1 1 1 0 1 0 0 1 0 1 1 0 0 1 0 1 0 1 0 1 1 0 0 1 1 1 1 1 0 0

0 0 0 0 0 0 1 0 0 1 1 1 0 1 1 1 1 1 0 0 1 1 1 0 0 1 0 0 0 0

1 0 1 0 0 0 0 0 0 0 1 1 1 0 0 0 0 0 0 0 1 1 0 1 1 1 0 0 1 0

1 0 1 1 0 0 0 1 0 0 0 1 1 0 1 1 1 1 0 1 0 0 1 1 1 1 1 1 0 1

1 0 0 0 0 1 0 1 0 1 0 0 1 1 1 0 1 0 1 0 0 0 0 0 0 0 1 0 1 0

1 1 0 0 1 0 0 1 0 0 1 0 1 1 0 1 0 1 0 1 1 0 0 1 0 1 1 1 0 0

0 1 0 0 0 0 0 1 1 1 0 1 1 0 0 1 1 0 0 1 1 0 1 0 0 0 0 1 1 1

0 1 0 0 1 0 1 0 1 1 1 1 0 0 0 0 0 1 0 1 0 1 0 1 1 1 0 0 0 0

1 1 1 0 1 1 1 1 1 0 1 0 0 0 1 1 1 1 0 1 0 1 0 1 0 0 0 1 0 0

1 0 0 0 1 0 0 1 1 1 0 1 0 0 1 0 0 0 1 1 1 0 1 0 1 1 0 1 1 0

0 0 1 1 1 1 0 0 0 1 0 1 0 0 0 1 0 0 1 0 0 0 0 1 0 1 0 0 1 1

1 1 1 0 1 1 1 0 1 0 1 1 0 0 1 0 0 0 0 1 0 1 0 1 1 0 1 0 1 1

0 0 0 1 1 1 0 0 0 1 1 0 0 0 0 0 0 0 0 0 0 1 1 0 0 1 1 1 0 0

1 1 1 1 1 0 1 1 1 1 1 0 0 1 0 1 0 0 0 1 0 1 1 1 0 1 1 1 1 1

二进制答题卷

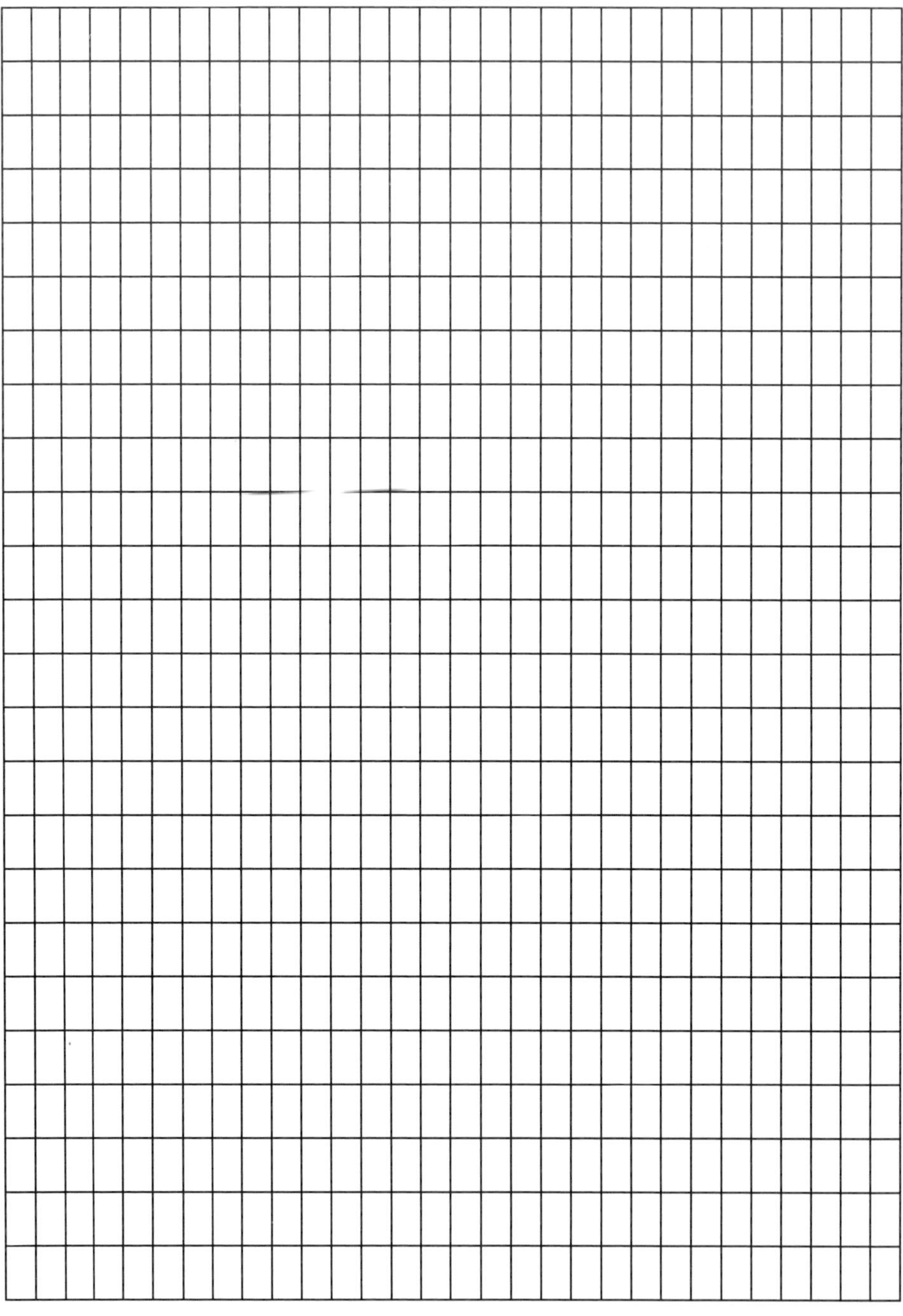

项目3　随机数字

目标：尽量记忆越多的随机数字（1、3、5、8、2、5等）（每行40位数字）并正确地回忆起来。

项目	城市选拔赛	中国赛	世界赛
记忆时间	无	15分钟	30分钟
回忆时间	无	30分钟	60分钟

记忆部分

（1）计算机随机产生的阿拉伯数字，以每页25行、每行40位排列。

（2）数字的数量为现时世界纪录加20%。如果选手可以记忆更多的数字，须在比赛一个月前向组委会提出书面申请。

回忆部分

（1）选手应使用组委会统一提供的完整清晰的答卷作答以方便计分。

（2）选手必须将记忆的数字以每行40个写出来。

计分方法

（1）完全写满并正确的一行得40分。

（2）完全写满但有一个错处（或漏空）的一行得20分。

（3）完全写满但出现一个或以上错处（或漏空）的一行得0分。

（4）空白行数不扣分。

（5）最后一行如最后的一行没有完成（例只写上29个数字），且所有数字皆为正确，其所得分数为该行作答数字的数目（即29分于该例）。

（6）如最后的一行没有完成，但有一个错处（或中间漏空），其所得分数为该行作答数字的数目的一半。如为单数者调高至整数。例如作答了29个数字但有一错处，分数将除2，即29/2=14.5，四舍五入，分数调高至15分。

（7）最后二行有一个或以上的错处（或中间漏空），则将以0分计。

（8）如出现有相同的分数，从选手答卷中已作答却没有得分的行数中，计算其正确作答的数字，每个数字为1分，分数高者胜。

随机数字的记忆方法

（1）随机数字首要知道的是每个编码我们都会给它设定一个固定动作，比如鹦鹉是用爪子抓，鳄鱼用嘴咬，香烟用烫，比如1524鹦鹉抓起了闹钟，1527鹦鹉抓起了耳机，固定动作有个好处就是你可以节约编故事的时间，缩短记忆联想的过程，提高我们的记忆效率。

（2）每天需要进行联结训练，一页1000数字联结完10分钟为合格线，7分钟为良好，5分钟为优秀，4分钟为大神级别。

（3）地点必须要足够熟悉，只有地点非常熟悉的时候，我们记忆的过程才能更加流畅不卡顿。何为熟悉呢？就是你在记忆数字或其他项目的过程中，全程都可以很流畅地完成记忆，不会发生想不起或比较难想起下一个地点是什么的情况。一般来说100个地点在60秒内回忆完毕为合格。

（4）编码与地点之间的联结必须要简短，画面要简洁。每个地点上都是一段小故事，在欣赏这个故事的时候尝试着加入自己的一些情感进去，比如喜欢、厌恶、恶心、欣赏等情绪，可以让你的记忆更加深刻。

给以下数字编码设定固定动作：

1		26		51		76	
2		27		52		77	
3		28		53		78	
4		29		54		79	
5		30		55		80	
6		31		56		81	
7		32		57		82	
8		33		58		83	
9		34		59		84	
10		35		60		85	
11		36		61		86	
12		37		62		87	
13		38		63		88	
14		39		64		89	
15		40		65		90	
16		41		66		91	
17		42		67		92	
18		43		68		93	
19		44		69		94	
20		45		70		95	
21		46		71		96	
22		47		72		97	
23		48		73		98	
24		49		74		99	
25		50		75		100	

热身训练，请用固定动作连接的方式对以下数字进行联结训练（不放地点）例如：2078用香烟烫青蛙，2146鳄鱼咬饲料，等等。

1387 9878 4856 7852 3145 3678 1346 8732 0894 7108 9236 5784 8973 0982 7498 2037 5891 2635 9801 2738 9471 2039 8740 2983 6512 7809 3748 9012 7349 8127 3895 6123 7408 1273 8947 1235 6102 7348 1723 8561 0237 4891 7238 5610 2374 8126 3785 1620 8374 8102

休息5分钟。

继续第二轮：

9375 8236 4012 7384 0917 2389 5612 9803 7490 8237 4897 3701 4732 8956 1092 7340 9872 1930 8749 8216 3589 1273 4908 7123 8947 1209 8365 8921 7340 9817 2340 9871 2903 8471 0928 7348 7123 0487 1293 8472 0374 8658 2173 4809 1273 4987 2398 5128 6348 9721 0386 5170 2374 0127 3876 5724 7801 2389 5718 9273

固定动作联结是每天都要做的基本功，希望你能够每天坚持，在适应了固定动作之后，我们来尝试一下放地点进行记忆，可用自己的地点来尝试记住以下数字：

3245 6874 6416 3464 8794 5316 4786 9846 4546 4334

随机数字记忆卷

9 5 9 4 7 1 7 6 9 5 2 1 7 5 2 6 8 6 9 6 7 3 5 4 0 6 4 6 9 3 8 2 9 2 1 9 9 6 2 2 Row1

8 8 2 8 7 8 8 2 6 7 5 7 6 4 6 0 5 8 8 0 5 1 5 3 5 0 6 7 2 9 9 3 7 4 8 4 9 6 7 4 Row2

0 8 7 2 0 2 1 5 4 1 9 3 2 1 3 1 8 9 5 6 3 1 0 7 4 4 7 5 9 5 1 7 9 2 3 1 2 4 6 8 Row3

9 1 2 4 9 2 8 3 6 0 9 7 4 9 7 8 3 1 9 5 5 7 9 9 6 2 9 5 1 9 5 0 6 1 6 0 9 3 4 8 Row4

0 3 9 4 9 2 7 2 7 4 9 0 1 7 6 0 0 1 5 8 1 5 0 9 2 1 3 2 9 9 7 0 5 0 9 9 1 8 8 8 Row5

6 3 9 8 8 3 0 1 9 9 9 3 1 5 1 9 3 2 3 6 6 8 4 7 8 2 4 8 7 6 5 7 5 6 3 2 0 1 9 8 Row6

5 4 3 8 2 6 3 5 3 3 1 4 0 3 8 0 3 3 2 8 3 7 2 5 6 2 1 3 6 7 9 1 2 7 1 1 0 6 4 8 Row7

4 1 2 7 5 5 0 4 0 3 5 2 9 6 9 1 5 6 6 7 6 5 5 2 0 7 5 4 4 2 1 1 2 5 8 1 8 9 3 2 Row8

7 8 3 8 9 5 9 4 5 0 6 4 1 1 2 7 6 4 5 6 7 4 3 5 6 0 3 6 4 9 3 7 9 8 3 3 2 9 2 2 Row9

1 4 2 9 5 4 5 4 5 3 1 6 5 3 8 3 8 3 6 6 3 6 3 8 1 8 9 1 6 0 4 5 4 4 8 7 7 3 8 7 Row10

2 2 2 1 8 0 8 3 0 2 2 7 7 2 6 1 9 4 9 3 9 6 0 3 1 9 8 0 2 0 6 8 3 6 5 4 0 4 0 1 Row11

9 9 9 0 5 7 7 8 8 8 1 3 8 9 8 0 5 5 2 1 5 6 6 9 2 4 5 8 0 3 1 8 1 1 7 6 3 9 5 0 Row12

5 9 0 3 0 0 2 0 7 4 3 6 0 0 1 5 8 3 1 0 6 6 7 0 7 7 9 3 6 7 7 4 1 9 4 7 2 7 8 5 Row13

4 9 9 5 4 5 0 5 4 8 0 9 3 0 9 0 4 4 1 5 9 4 9 7 6 8 8 4 5 0 9 6 2 3 6 1 7 7 4 2 Row14

9 8 0 2 2 9 6 5 2 6 9 5 2 6 7 0 0 3 7 7 8 7 6 6 1 5 3 3 2 2 6 1 9 7 3 3 8 7 3 3 Row15

0 2 1 0 1 9 1 7 6 2 8 2 8 0 7 3 1 8 3 5 0 2 7 3 8 8 5 0 7 0 8 7 7 7 6 7 0 1 4 5 Row16

2 8 3 8 7 9 8 2 6 8 9 8 8 9 3 6 0 7 6 2 9 3 2 6 7 5 3 0 3 0 2 0 6 0 0 6 8 9 6 6 Row17

2 1 1 3 1 7 8 2 6 1 4 4 9 7 7 3 7 2 1 8 2 4 6 3 3 4 9 2 2 5 4 6 1 7 5 6 6 2 2 0 Row18

4 3 7 5 8 1 8 8 8 9 2 4 9 0 4 8 2 1 8 4 4 0 1 8 1 4 6 9 0 4 4 5 2 2 6 8 9 3 1 2 Row19

5 7 7 3 8 4 3 2 3 8 2 3 2 5 8 7 8 8 5 4 5 5 3 6 8 5 2 5 7 0 9 8 8 6 3 5 7 4 8 9 Row20

4 3 9 8 5 6 9 2 6 3 6 4 7 5 9 9 5 1 5 7 6 9 7 6 7 1 9 1 6 5 0 9 1 1 3 6 0 0 3 9 Row21

7 1 7 1 0 1 9 0 2 1 2 1 3 3 4 9 0 8 4 7 4 4 2 7 8 5 8 5 5 0 5 5 6 6 7 1 4 4 5 6 Row22

8 9 3 4 0 4 8 1 3 8 4 5 8 2 9 7 8 9 3 1 9 7 6 8 3 0 9 5 4 1 9 8 9 2 5 6 3 1 8 3 Row23

6 2 3 8 0 6 0 8 9 7 8 1 9 1 6 2 6 3 3 1 9 6 7 4 5 6 6 4 1 2 5 6 3 0 7 6 6 3 6 6 Row24

9 6 0 1 8 3 3 3 8 3 0 7 5 5 6 3 6 5 5 7 0 4 1 5 7 1 1 1 6 7 1 7 0 6 6 8 0 5 4 3 Row25

数字答卷

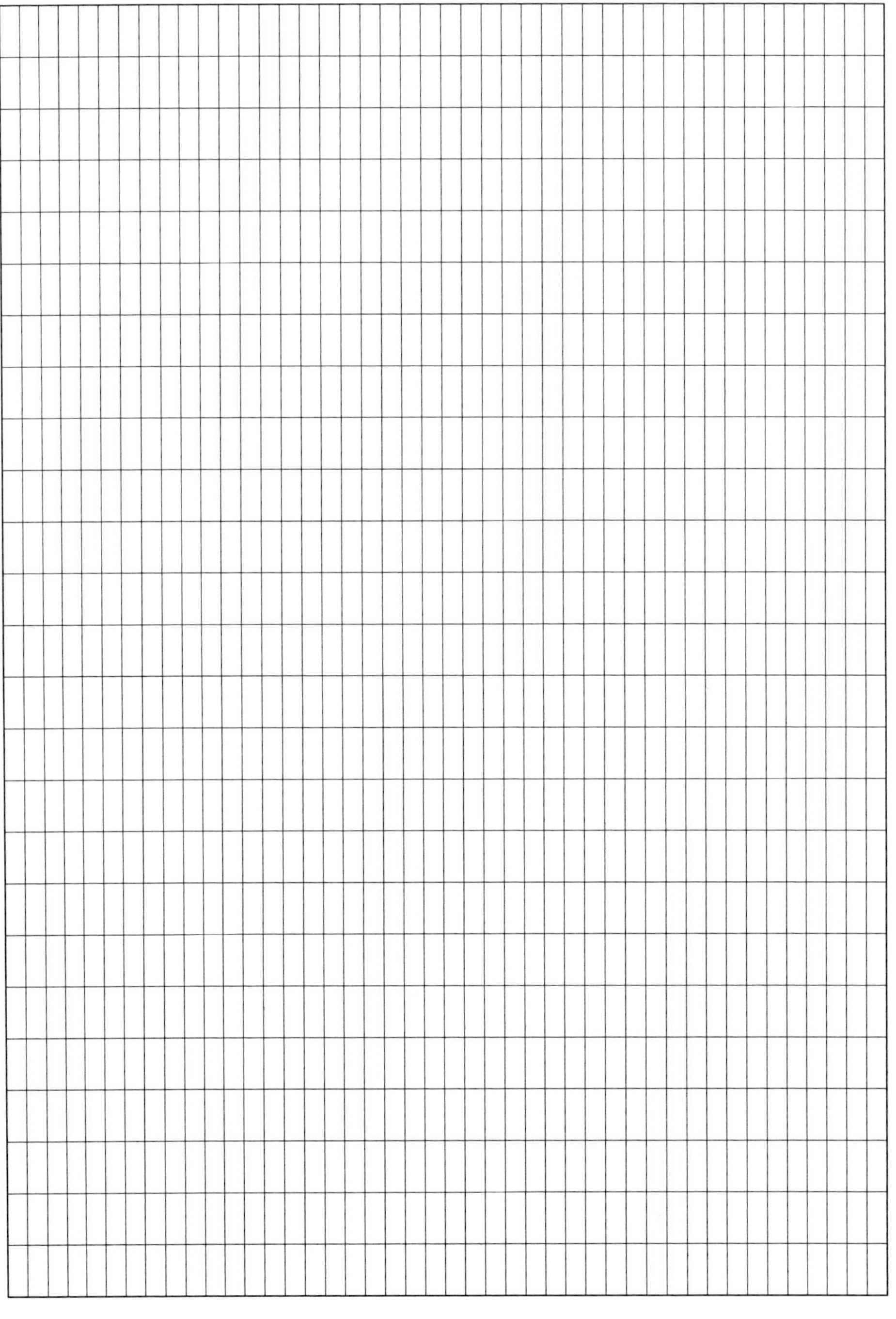

项目4　抽象图形

目标：尽量多地记忆，并于回忆时将每行的正确次序标注出来。

记忆部分

（1）每张A4问卷纸中有50个黑白图形，共10行、每行5个。这些图形皆按一定的顺序排列。

（2）每行有5个图形，每行独立计算分数。

（3）图形的数量为现时世界纪录加20%。

（4）选手可选择问卷任意一行开始记忆。

重要提示：在该项目的记忆过程中，桌面上不能有任何的书写工具（如圆珠笔或铅笔）、量度工具（如间尺）和额外的纸张。

回忆部分

（1）答卷的格式跟问卷格式大致一样，内容跟记忆卷的一样，只是每行的5个图形次序不一样，行与行之间的顺序是不变的。

（2）选手须在答卷上每个图形下用1、2、3、4、5写出原来问卷每行中的图形顺序。

计分方法

（1）每行正确作答的得5分。

（2）答卷中如有一行有遗漏或错误者，该行倒扣1分，即得分为–1。

（3）答卷不作答或空白的行数不扣分。

（4）总分为负数者将以0分计。

抽象图形的记忆方法

对于抽象图形，我们可以对其进行编码转化成具体图像之后再进行记忆，编码的方法大概有以下三种。

（1）颜色。这类型的编码比较少，我目前只对两种颜色进行编码，黑色、灰色和黑白相间的，黑色可以编码成墨水，灰色可以编码成石板，黑白的编码成熊猫。

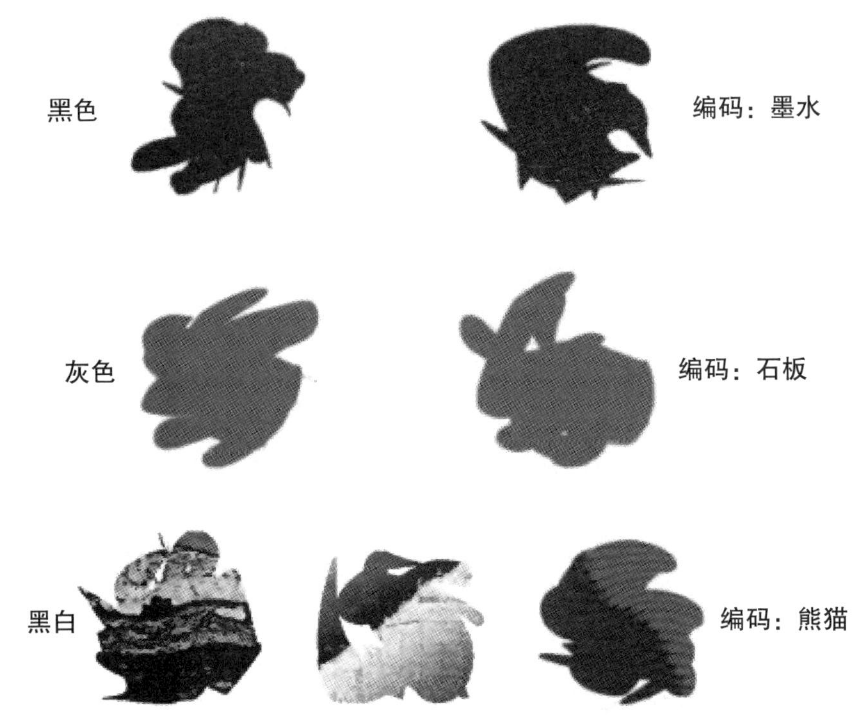

（2）纹理。大多数编码都根据纹理的形式进行编码，看看纹理像什么就编码成什么。

编码：树皮　　编码：拉面　　编码：油漆　　编码：瓢虫

（3）形状。当遇见没有进行过编码的纹理时，可以根据该图形的形状进行编码。常见的形状有以下几种：

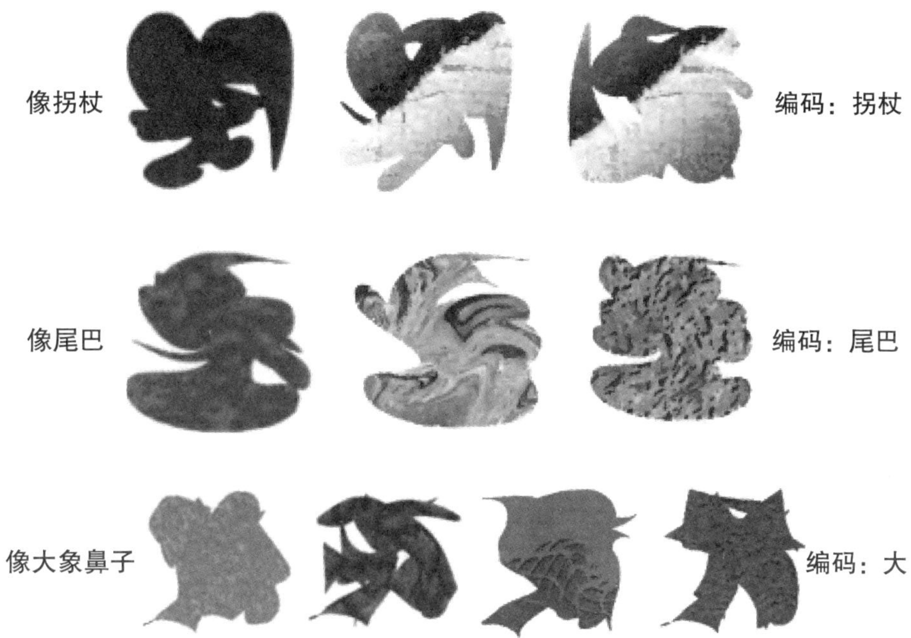

象鼻子

整理属于你自己的编码表（以下纹理及形状是你在比赛过程中一定会遇到的，请认真对其编码并熟练掌握）。

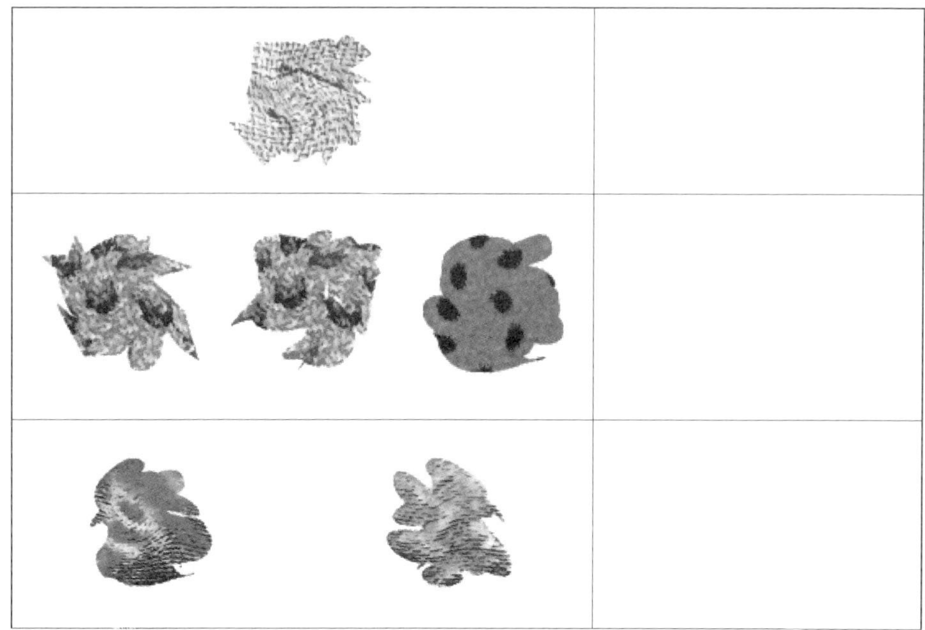

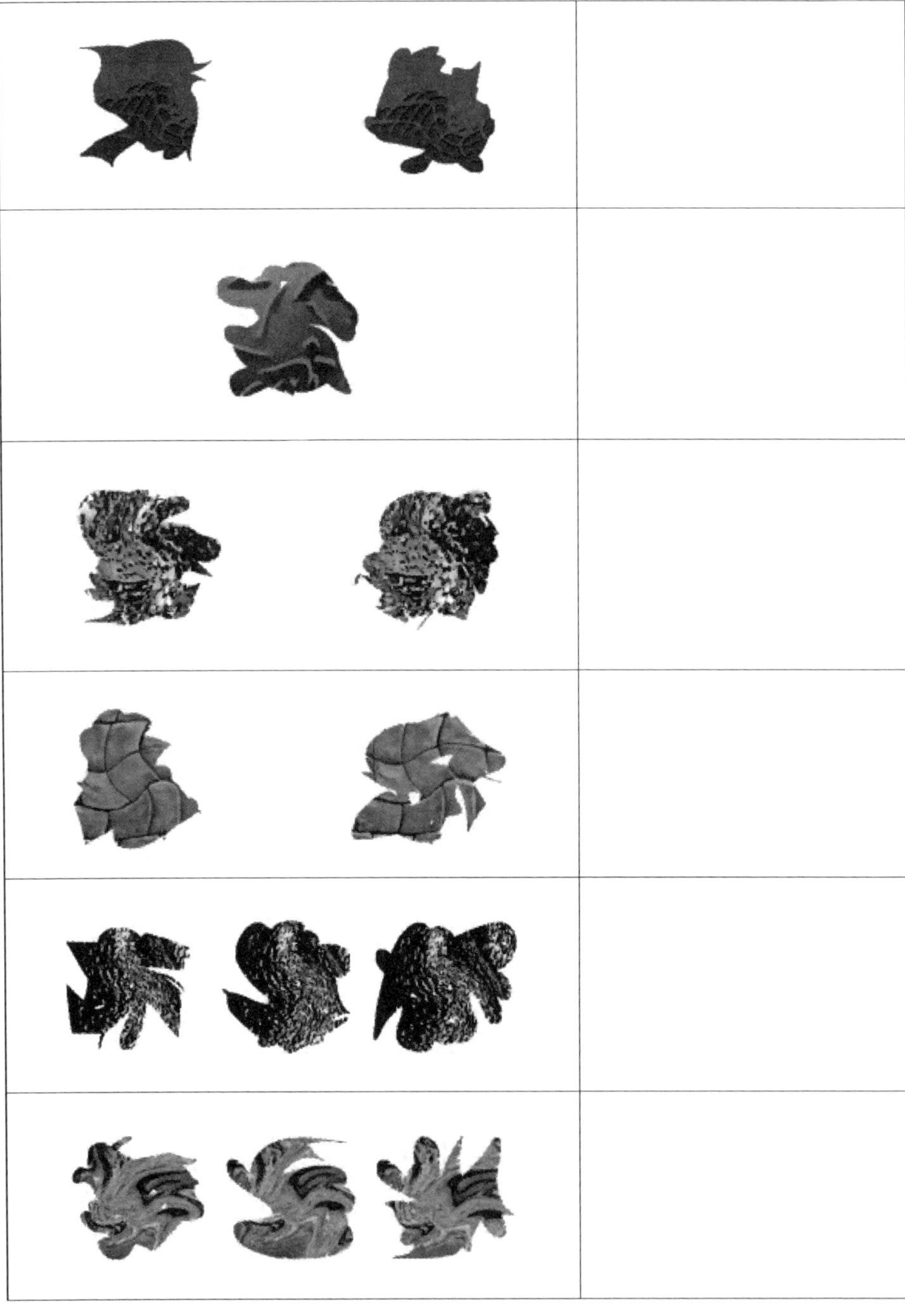

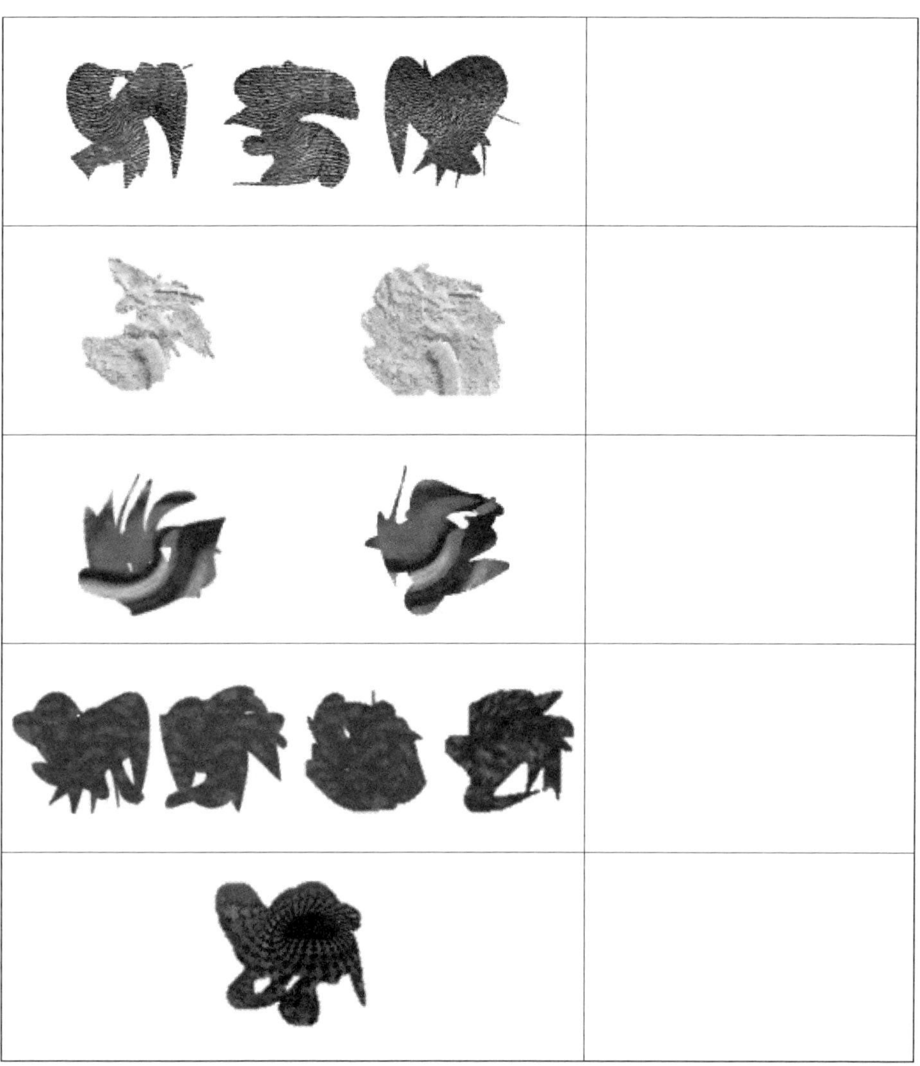

抽象图形记忆卷

Abstract Images Memorisation Sheet

项目5　快速数字

目标：尽量以最短时间记忆越多的随机数字（1、3、5、8、2，5等）（每行40位数字）并正确地回忆起来。有两次比赛机会。

项目	城市选拔赛	中国赛	世界赛
记忆时间	5分钟	5分钟	5分钟
回忆时间	20分钟	20分钟	20分钟
记忆次数	1	2	2

注：于第一轮过后将有短暂休息以方便计分，分数将于第二轮开始前公布给选手。

记忆部分

（1）计算机产生的数字，以每行40位排列。

（2）数字的数量为现时世界纪录加20%。如果选手可以记忆更多位的数字，须在比赛前一个月向组委会提出书面申请。

回忆部分

（1）参赛选手应使用组委会提供的答卷。

（2）参赛选手必须将记忆好的数字以每行40个写出来。

计分方法

（1）完全写满并正确的一行得40分。

（2）完全写满但有一个错处（或漏空）的一行得20分。

（3）完全写满但超过两个及以上错处（或漏空）的一行得0分。

（4）空白行数不会扣分。

（5）对于最后一行：如最后的一行没有完成（例只有写上29个数字），且所有数字皆为正确，其所得分数为该行作答数字的数目（即29分于该例）。

（6）如最后一行没有完成，但有一个错处（或中间漏空），其所得分数为该行作答数字的数目的一半。如有小数点则四舍五入。例如作答了29个数字但有一错处，分数将除2，即29/2=14.5，分数调高至15分。

（7）如最后一行有两个及以上的错处（或中间漏空），则将以0分计。

（8）该项目成绩如有相同的最高得分，则取另外一轮得分较高的一位。如另外一轮的得分皆为相等，裁判将参考每位选手的最佳那轮的额外行数（即作答了但得0分的行数）。每个正确作答的数字将获1分决定分，决定分较高者胜。

记忆小贴士

（1）快速数字的记忆主要在“快”上面，因为记忆的过程比较短暂，记忆时速度会很快，所以在记忆过程中把握自己的记忆节奏是非常重要的，平时训练的时候就应该多练练自己的节奏；除了记忆节奏以外，还需要控制时间回去复习，一般建议你记到2分半的时候就该回去复习了，全部复习完毕之后有多余的时间再接着往下记。

（2）快速数字在比赛中一般有两轮机会，通常来说第一轮我们会选择保稳的方式去记。第一轮稍微记少一点，确保自己有个保底的成绩，第二轮再去冲平时训练的最好成绩。

（3）如果想提升快速数字项目的成绩，一是要多练读联，二可以多练一分钟数字，练一分钟数字对自己五分钟数字水平的提升是非常有帮助的。

快速数字记忆卷

4 6 1 3 8 4 5 0 0 5 2 4 7 5 0 6 2 7 4 7 8 6 8 0 1 6 3 2 1 7 5 4 7 0 2 4 5 1 0 6 Row1

1 2 3 8 0 4 5 8 4 8 6 2 1 4 6 1 3 1 4 7 7 5 3 7 0 6 1 7 4 5 3 3 0 9 4 1 1 2 1 5 Row2

4 3 2 4 7 3 2 3 3 6 4 8 4 8 9 2 0 4 4 6 1 8 6 8 5 9 8 3 0 5 9 3 7 2 1 9 6 3 5 7 Row3

9 8 6 2 1 0 8 8 0 3 9 2 0 8 7 1 3 6 7 2 4 2 9 2 2 5 8 0 5 9 5 4 6 5 1 3 4 3 7 5 Row4

9 9 2 1 5 8 7 1 0 2 8 7 9 7 9 3 5 7 9 0 3 6 0 6 2 3 2 2 1 3 7 0 8 3 6 3 6 8 2 5 Row5

6 2 0 3 6 1 8 7 8 4 5 0 4 2 7 1 9 6 3 4 4 9 4 8 5 4 7 6 6 8 1 4 1 5 5 8 2 4 8 3 Row6

6 4 4 6 8 3 1 7 3 3 4 4 2 2 6 1 0 2 9 9 2 1 6 7 9 7 7 0 6 8 2 4 1 7 3 0 0 4 3 0 Row7

2 2 8 4 8 9 7 0 9 0 4 2 1 8 9 5 1 8 3 2 8 0 7 7 3 2 7 3 1 9 6 3 8 3 6 5 8 2 7 6 Row8

2 4 5 2 6 2 4 7 3 4 5 2 5 8 4 6 0 0 6 6 0 4 2 5 6 0 5 2 0 8 2 8 0 8 5 7 5 0 4 0 Row9

5 6 6 2 6 0 7 6 6 4 6 0 2 3 4 3 4 8 4 9 7 8 2 8 1 3 5 9 2 9 3 1 4 0 4 7 7 8 4 3 Row10

3 2 1 8 6 5 1 6 3 5 8 5 6 5 6 1 0 4 7 1 2 8 5 0 3 7 8 3 9 9 5 8 9 2 9 3 6 4 0 4 Row11

4 7 4 4 5 4 0 9 5 8 1 8 7 1 0 6 9 7 8 0 5 3 7 1 3 3 4 8 1 6 0 7 3 2 7 1 2 1 5 3 Row12

5 1 5 0 0 2 5 7 0 3 8 5 6 4 9 0 2 6 5 1 7 2 4 9 2 4 1 6 1 9 8 6 4 8 9 2 1 2 8 5 Row13

5 5 9 8 6 0 8 5 6 2 6 2 4 3 8 4 6 5 5 2 4 1 4 0 3 0 8 1 9 6 8 1 6 4 3 5 0 4 8 8 Row14

6 8 9 4 0 0 6 1 0 4 1 4 0 9 3 1 3 5 5 9 0 7 1 9 9 8 9 8 9 3 9 3 5 0 6 4 1 6 8 0 Row15

6 9 5 6 9 4 7 3 1 2 9 0 5 7 3 8 5 0 3 0 4 4 7 3 8 6 4 3 1 9 6 2 9 9 0 2 5 5 3 9 Row16

9 9 3 8 0 7 4 2 9 5 4 6 7 2 4 9 0 7 6 1 0 5 8 3 2 7 1 3 8 0 8 2 0 4 4 5 2 8 5 6 Row17

0 3 0 7 3 3 0 1 2 8 9 3 5 3 3 8 8 1 0 3 7 4 4 6 3 8 2 3 9 1 3 0 3 3 5 9 6 5 0 9 Row18

数字答卷

项目6　虚拟事件和日期

目标：尽量多地记忆虚拟的历史或未来日期，并于回忆时将其写在相关事件的前面。

项目	城市选拔赛	中国赛	世界赛
记忆时间	5分钟	5分钟	5分钟
回忆时间	20分钟	20分钟	20分钟

记忆部分

（1）问卷的年份数目为现时世界纪录加20%，每页有40个年份。

（2）事件的年份为1000至2099之间，且同一份试卷不会出现同样的四个数字。

（3）所有事件和年份皆为虚构（如1938年签署和平条约）。

（4）事件年份位于问卷左方，而每个事件将垂直地排列，所有的事件会随机排列以避免以数字或字母次序排列。

（5）选手如果能记忆更多的事件日期，可在比赛前一个月提出增加数量的要求。

回忆部分

（1）答卷每页会有40个事件。

（2）答卷事件的次序跟问卷中的有所不同。

（3）参赛选手必须将正确的年份写在事件前。

计分方法

（1）每写一个正确年份得1分，整个年份的4位数字必须正确写上。

（2）每个事件前只可写上一个4位数字的年份，每个错误的年份会倒扣0.5分。

（3）空白行数不会扣分。

（4）总分四舍五入，即45.5分会调高至46分。

（5）如有相同的分数，则以较少错误的选手胜。

记忆方法

目前已知比较好用的历史年代的记忆方法主要有以下三种：

（1）编码之间两两连接。

这是最基本的记忆方式，将编码和事件中的关键词进行联想便可，比较简单上手，适合初学者。比如1938年，小明背着书包出门上学。这里我们选择“书包”作为关键词，联想起来就是：拿着药酒（19）泼到了妇女（38）的书包。

（2）三位数编码法。

这是最好也是最难的一种方法，因为历史事件的时间都是1开头，所以第一个数字可以不记。如果你用的是三位数编码就可以仅仅把后面的三位数字转化成编码和关键词进行联想，简单明了。比如1945年，小红从事高空跳伞职业。前面的1不记，945对应的编码是爵士舞，关键词跳伞，可以想象一个跳爵士舞（945）的人跑去跳伞了。

（3）动作属性法。

这种方法比较特殊，不同的人使用起来会有不同的效果，大家可以根据自己的喜好和记忆效果去确定用不用这种方法。把前两个数字都编码成动作，如1927，19的动作是揪，画面就是你揪着一只耳机。

11~20的动作如下：

11–咬　12–按　13–扇　14–撕　15–捂

16–拉　17–亲　18–抱　19–揪　20–烫

记忆：1638年，小明划船去上学。

联想：小明拉（16）着一个妇女（38）去上学。

历史年代试题

1357	作曲家获得了布鲁斯的版权
2085	最年轻大学毕业生仅10岁
2080	世上最后一条龙被屠杀
1475	古老的树被闪电击中
1230	顶尖的剧作家创作新作
1139	畅销书从书店下架
1168	昂贵的酒被喝光了
1987	捉鬼队死于惊吓
1312	宠物旅馆爆满
1969	猪肉短缺引起价格上涨
1141	种下橄榄树
1212	纸张被丢弃了
1487	蜘蛛逃离动物园
2054	蒸汽火车创下时速纪录
1484	镇书记被停职
1469	侦探侦破了犯罪案件
1118	战舰在战争中沉没
1116	在欧洲喝酒被认为非法
1975	花房发现神秘植物
1350	在暗礁发现新的鱼种
1770	园丁被食肉植物吃了
1971	鱼在洪灾中淹死了
1980	我家猫咪可乐1岁了

历史年代试题答卷

____________在欧洲喝酒被认为非法

____________捉鬼队死于惊吓

____________世上最后一条龙被屠杀

____________种下橄榄树

____________作曲家获得了布鲁斯的版权

____________园丁被食肉植物吃了

____________我家猫咪可乐一岁了

____________顶尖的剧作家创作新作

____________昂贵的酒被喝光了

____________蜘蛛逃离动物园

____________最年轻大学毕业生10岁

____________蒸汽火车创了时速纪录

____________纸张被丢弃了

____________古老的树被闪电击中

____________花房发现神秘植物

____________在暗礁发现新的鱼种

____________畅销书从书店下架

____________宠物旅馆爆满

____________镇书记被停职

____________侦探侦破犯罪案件

____________鱼在洪灾中淹死

____________战舰在战争中沉没

____________猪肉短缺引起价格上涨

项目7　随机扑克牌

目标：尽量记忆和回忆多副扑克牌的顺序。

项目	城市选拔赛	中国赛	世界赛
记忆时间	无	10分钟	60分钟
回忆时间	无	30分钟	150分钟

记忆部分

（1）选手可以使用自备的扑克牌（组委会另有指定的除外），选手必须保证每副牌为52张，除去大小王，并且提前打乱顺序。

（2）扑克牌必须要用盒子装好，贴上标签，并用橡皮圈绑好。每张标签上都应包括选手姓名和扑克牌记忆的序号，比如某某某第1副，某某某第2副等。

（3）所有扑克牌用结实的袋子装好，在赛场报到处交给裁判保管。袋子上也要贴上标签，写上姓名、电话。

回忆部分

（1）答卷上每页可写两副扑克牌。

（2）参赛选手必须在答卷上清楚标示所写的牌是第几副。

（3）参赛选手必须在不同花色的表格中，按照之前记忆的顺序，清晰地写上每副牌的数字和字母。

（4）注意有些选手习惯把A、J、Q、K写成1、11、12、13。裁判可以算其对，但还是建议统一按照国际习惯。

计分方法

（1）每副完整并正确回忆的扑克牌得52分。

（2）如有一个错处（包括漏空）得26分。

（3）两个或以上的错处得0分。

（4）两张次序调换的牌当作两个错处。

（5）即使没有回忆全部的扑克牌也不会倒扣分。

（6）关于最后一副，如最后一副没有记完，例如，只记了前38张，且全部正确，则得38分。

（7）如最后一副没有记成，且有一个错处，其得分为正确扑克牌数目的一半分。如出现小数点则四舍五入。例如，作答了29张扑克牌但有一错处，分数将除2，即29/2=14.5，然后调高至15分。

（8）最后一副扑克牌有两个或以上的错处得0分。

（9）如出现相同分数，将比较选手已经记忆并且写出来却没有得分的扑克牌。每正确一张扑克牌得1分，分数较高者胜。

记忆方法

扑克牌的记忆很简单，在有了随机数字的基础之后，我们只需要将扑克牌转化成对应的数字便可。其实记扑克就是记数字的过程。

牌名	黑桃♠	红桃♥	梅花♣	方块♦
A	11梯子	21鳄鱼	31鲨鱼	41蜥蜴
2	12椅儿	22双胞胎	32扇儿	42柿儿
3	13医生	23和尚	33星星	43石山
4	14钥匙	24闹钟	34三丝	44蛇
5	15鹦鹉	25二胡	35山虎	45师傅
6	16石榴	26河流	36山鹿	46饲料
7	17仪器	27耳机	37山鸡	47司机
8	18腰包	28恶霸	38妇女	48石板
9	19药酒	29恶囚	39三角尺	49湿狗
10	10棒球	20香烟	30三轮车	40司令
J	51工人	52鼓儿	53乌纱帽	54巫师
Q	61儿童	62牛儿	63流沙	64螺丝
K	71鸡翼	72企鹅	73花旗参	74骑士

World Memory Championships

World Memory Championships
Cards Recall

A1 ______

A2 ______

Name : ________________ WMSC ID : ________

Write the number or letter A(ce), J(ack), Q(ueen), K(ing)

			Deck #			
♠A		1	♠	♥	♣	♦
♠2		2	♠	♥	♣	♦
♠3		3	♠	♥	♣	♦
♠4		4	♠	♥	♣	♦
♠5		5	♠	♥	♣	♦
♠6		6	♠	♥	♣	♦
♠7		7	♠	♥	♣	♦
♠8		8	♠	♥	♣	♦
♠9		9	♠	♥	♣	♦
♠10		10	♠	♥	♣	♦
♠J		11	♠	♥	♣	♦
♠Q		12	♠	♥	♣	♦
♠K		13	♠	♥	♣	♦
♥A		14	♠	♥	♣	♦
♥2		15	♠	♥	♣	♦
♥3		16	♠	♥	♣	♦
♥4		17	♠	♥	♣	♦
♥5		18	♠	♥	♣	♦
♥6		19	♠	♥	♣	♦
♥7		20	♠	♥	♣	♦
♥8		21	♠	♥	♣	♦
♥9		22	♠	♥	♣	♦
♥10		23	♠	♥	♣	♦
♥J		24	♠	♥	♣	♦
♥Q		25	♠	♥	♣	♦
♥K		26	♠	♥	♣	♦
♣A		27	♠	♥	♣	♦
♣2		28	♠	♥	♣	♦
♣3		29	♠	♥	♣	♦
♣4		30	♠	♥	♣	♦
♣5		31	♠	♥	♣	♦
♣6		32	♠	♥	♣	♦
♣7		33	♠	♥	♣	♦
♣8		34	♠	♥	♣	♦
♣9		35	♠	♥	♣	♦
♣10		36	♠	♥	♣	♦
♣J		37	♠	♥	♣	♦
♣Q		38	♠	♥	♣	♦
♣K		39	♠	♥	♣	♦
♦A		40	♠	♥	♣	♦
♦2		41	♠	♥	♣	♦
♦3		42	♠	♥	♣	♦
♦4		43	♠	♥	♣	♦
♦5		44	♠	♥	♣	♦
♦6		45	♠	♥	♣	♦
♦7		46	♠	♥	♣	♦
♦8		47	♠	♥	♣	♦
♦9		48	♠	♥	♣	♦
♦10		49	♠	♥	♣	♦
♦J		50	♠	♥	♣	♦
♦Q		51	♠	♥	♣	♦
♦K		52	♠	♥	♣	♦

			Deck #			
♠A		1	♠	♥	♣	♦
♠2		2	♠	♥	♣	♦
♠3		3	♠	♥	♣	♦
♠4		4	♠	♥	♣	♦
♠5		5	♠	♥	♣	♦
♠6		6	♠	♥	♣	♦
♠7		7	♠	♥	♣	♦
♠8		8	♠	♥	♣	♦
♠9		9	♠	♥	♣	♦
♠10		10	♠	♥	♣	♦
♠J		11	♠	♥	♣	♦
♠Q		12	♠	♥	♣	♦
♠K		13	♠	♥	♣	♦
♥A		14	♠	♥	♣	♦
♥2		15	♠	♥	♣	♦
♥3		16	♠	♥	♣	♦
♥4		17	♠	♥	♣	♦
♥5		18	♠	♥	♣	♦
♥6		19	♠	♥	♣	♦
♥7		20	♠	♥	♣	♦
♥8		21	♠	♥	♣	♦
♥9		22	♠	♥	♣	♦
♥10		23	♠	♥	♣	♦
♥J		24	♠	♥	♣	♦
♥Q		25	♠	♥	♣	♦
♥K		26	♠	♥	♣	♦
♣A		27	♠	♥	♣	♦
♣2		28	♠	♥	♣	♦
♣3		29	♠	♥	♣	♦
♣4		30	♠	♥	♣	♦
♣5		31	♠	♥	♣	♦
♣6		32	♠	♥	♣	♦
♣7		33	♠	♥	♣	♦
♣8		34	♠	♥	♣	♦
♣9		35	♠	♥	♣	♦
♣10		36	♠	♥	♣	♦
♣J		37	♠	♥	♣	♦
♣Q		38	♠	♥	♣	♦
♣K		39	♠	♥	♣	♦
♦A		40	♠	♥	♣	♦
♦2		41	♠	♥	♣	♦
♦3		42	♠	♥	♣	♦
♦4		43	♠	♥	♣	♦
♦5		44	♠	♥	♣	♦
♦6		45	♠	♥	♣	♦
♦7		46	♠	♥	♣	♦
♦8		47	♠	♥	♣	♦
♦9		48	♠	♥	♣	♦
♦10		49	♠	♥	♣	♦
♦J		50	♠	♥	♣	♦
♦Q		51	♠	♥	♣	♦
♦K		52	♠	♥	♣	♦

项目8 随机词语

目标：尽可能记忆越多的随机词话（例狗、花瓶、吉他等）并正确地回忆出来。

项目	城市选拔赛	中国赛	世界赛
记忆时间	5分钟	5分钟	15分钟
回忆时间	20分钟	20分钟	35分钟

记忆部分

（1）每张问卷纸有5列，每列有20个广为人知的词语。当中大约有80%为形象名词，10%为抽象名词，10%为动词。

（2）词语从世界公认的字典中选出，基本都符合儿童、青少年和成人选手的认知水平。

（3）词语的数目为现时世界纪录加20%。

（4）选手必须由每列的第一个词语开始，依次记忆该列越多的词。

（5）选手可自由选择记忆哪些列。

回忆部分

（1）选手必须在提供的答卷上写上词语，务必保证字迹清晰可认，多用楷书，少用草书，以免增加裁判辨认和评分难度。

（2）如果中间有漏写的词语，可以把漏写的词语写在旁边的空白处，并用箭头清晰地指明插入位置。

（3）选择中文简体试卷的选手不能写拼音、英语单词或者繁体字作答。

计分方法

（1）如每列20个词语均正确作答，每个词语将得1分。

（2）如每列20个词语中有一处错误或漏写一个词语，得10分（即20/2）。

（3）如每列20个词语中有两个及以上的错误，或漏写两个及以上，得0分。

（4）如每列20个词语中写了错别字，则错几个扣几分。例如，把“斑马”

写成“班马”，则扣1分，最后得分为19分。

（5）空白未作答的列不会扣分。

（6）对于最后一列：如最后一列没有写完，每个正确回忆的词语得1分。

（7）最后一列有一处错误或中间漏写一个词，则该列得分为正确回忆的词语数目的一半分。

（8）最后一列有两处错误或漏写两个词，则该列得0分。

（9）如果一列中有一个记忆错误和一处错别字，那么该列的计分方式为满分先除以2，然后再减去写错别字的词语的分数，即20除2得10分，再减1，最后得9分如果有两个词语写错别字就减2分，得8分。

（10）注意，记忆错误必须先于错别字错误扣分，否则9.5分会被调高至10分，即没有扣掉错别字该扣的分。

（11）总分为每列分数的总和。如总分有半分，则会四舍五入。

（12）如相同的分数，胜出者将取决于作答了而没有得分的列数。每正确作答一个词语得1分，分数较高者胜。

特别说明：如何裁定选手是错误还是写错别字?

（1）以下情况属于错误：

“相片”写成了“照片”；

“橘子”写成了“桔子”；

“橙刀”写成了“橙子”；

“录像”写成了“录相”。

虽然选手头脑中记忆的是同一个图像，但是文字的表达方式和试题不一样，这些都算是错误。

（2）以下情况属于错别字：

“录像”写成了“录象”；

“编辑”写成了“编缉”。

选手头脑中记忆的是同一个图像，且文字的表达方式和试题一样，只是在书写过程中把空心笔画或者偏旁部首写错了，这就当错别字处理。

如果裁判遇到有争议的情况，必须上报更高一级的裁判来裁定。

记忆方法

前面我们提到过随机词汇主要由具体词汇和抽象词汇组成，具体词汇就是一些容易出图像的词，比如桌子、电脑、黑板等，而抽象词汇是比较难在脑海中形成具体图像的，比如兴奋、伤心等。记忆随机词汇，我们主要练习的就是抽象词语的转换。词汇的记忆方式和记忆数字是一样的，两个词汇放一个地点。下面是抽象词汇转换的几种方法。

（1）**谐音**。这是最常用的一种方法，把要记的词语转化成谐音，比如“政治”谐音成“贞子”，“经济”谐音成“金鸡”，回忆的时候注意还原便可。

（2）**代替**。代替即是可以找和这个词语相关的东西去作为这个词的图像，比如“力量”，我会想到superman，以后看到力量这个词我就会有“超人”的图。又如“坚持”我会想到一个坚持跑步的人。用和这个词有关的物品去替代，这也是抽象转形象的一种方法。

（3）**增减字**。比如“身份”可以想到“身份证”，“美国”可以想到“美国队长”，“加勒比”可以想到“加勒比海盗”，等等。增加或减少一个字方便我们出图。

玉龙山	迷迭香	欧芹	芥末	香菜
老板	自恋	忽布	生活条件	培根
杏	薄荷	雪碧	藏红花	松鸡
迷你裙	自助餐	沙丁鱼	芫荽	士多店
太阳浴	啤酒花	袋鼠	影视片	夏天
土拨鼠	石松	丁香	辣椒	绣球
普通人	夜莺	翻译	夹克衫	莳萝
马赛克	豆蔻	章鱼	突破	肉桂
茴香	美洲豹	速溶咖啡	玩具	空中客车
三文鱼	鹦鹉	腊克	山葵	抱怨
香波	洋苏草	席梦思	鹌鹑	零用钱
犀牛	土司	薪水	家庭收入	比基尼
沙丁鱼	特氟隆	汽轮机	竹芋	枪乌贼
润肤露	价值观	奶昔	画眉	蟾蜍
家庭	童工	工作效率	染发	金枪鱼
鲸	眉笔	熏鲑	护手霜	金额
白蚁	扬子鳄	护发素	豪华	衣柜
粉底	凤仙花	爱心	发胶	摩丝
龙舌兰	笑话	更大	粟	花朵
拉链	沐浴露	卷发器	彩妆	红鲣

答题纸

项目9　听记数字

目标：尽量多地记忆和回忆听到的数字。

项目	城市选拔赛	中国赛	世界赛
记忆时间	无	第一轮100秒 第二轮300秒	第一轮200秒 第二轮300秒 第三轮550秒
回忆时间	无	第一轮5分钟 第二轮15分钟	第一轮10分钟 第二轮15分钟 第三轮25分钟

记忆部分

（1）试题为每秒播放一个英语数字的录音文件。在开始念数字前，先会播放A-B-C。当A-B-C播放结束后，开始正式念数字。例如，1、5、4、8等。

（2）在最后一轮，录音中所播出的数字数量是世界纪录加上20%。

（3）录音播放期间不可有任何的书写行为。

（4）当参赛选手达到其记忆极限时，必须在其座位上保持安静，直到录音完全播完为止。

（5）如果由于某种原因受到外界的干扰而需暂停播放时，裁判会从暂停时间点前已经播放的前5个数字开始重新播放，直至剩余数字读完为止。在最后那个8处因故暂停了，即这个8被干扰，大家没听清楚，则裁判会这个被干扰的8前面的第5个数字，即从数字0处重新播放。

回忆部分

（1）参赛选手须使用组委会提供的答卷作答。

（2）参赛选手必须从头开始，依次写上所记的数字。

（3）答卷会于记忆开始前放在选手桌下的地上。当录音播放完毕，裁判宣布开始作答时，选手方可捡起地上的答卷作答。

计分方法

（1）第一个数字开始算，每正确一个数字得1分。

（2）一旦选手有了第一个错误，即停止计分。例如选手记忆了127个数字，但第43个数字错了，那么得分为42。如选手记忆了200个数字，但第1个数字就错了，得分便为0。

（3）在受到外界干扰的情况下，选手必须先能够正确写出重新播放录音前的所有数字，之后的那些数字才会被计分。例如第一轮100个数字中，在第47个数字受到噪音干扰。录音会由第42个数字开始播放直至100个数字结束。在答题时，选手必须正确写上前42个数字，则余下的58个数字才会被计分。

（4）如果干扰来自某位选手，这对其他选手是不公平的。作为处罚，该选手将不能参加其他轮的听记数字比赛。

（5）在比赛中，如果多个选手获得450分，胜出者为其他一轮得分较高者，如其他那轮的得分也一样，胜出者则为余下那轮得分较高者。如那一轮得分还一样，结果为双冠军。

训练方法

听记数字在最开始练的时候比较艰辛，但熟悉之后你会发现其实它并不是很难，遵循以下训练步骤，一步一步来，相信你可以很好地掌握这个项目。

第一步：首先训练英文转化图像，打开听记软件，将速度调到1秒1个的状态，认真听英文数字，每听完两个在脑海中要转化对应的编码图像，建议每天至少听200个。这个阶段只反映编码，暂时不练读联。

第二步：有了前面的训练之后，开始尝试去练听数联结，速度仍然暂时先控制在一秒，在经过一段时间的训练之后，可以尝试着将速度调至0.7秒一个，因为你大脑反应速度越来越快，再听回一秒一个的速度时你会觉得时间很充足。

第三步：有了前面的基础之后，我们就可以开始尝试着放地点去记了。这个时候要多总结经验，寻找自己的问题，进步才能快。记忆时可以选择两个数字放一个地点，也可以选择4个数字放一个地点，根据选手个人的喜好去选择。

项目10　快速扑克牌

项目：城市选拔赛、中国赛、世界赛。

项目	城市选拔赛	中国赛	世界赛
记忆时间	≤5分钟	≤5分钟	≤5分钟
回忆时间	5分钟	5分钟	5分钟

注：有两次比赛机会，每次的牌均不一样，取成绩优秀的一轮。

记忆部分

（1）选手使用自备的四副扑克牌（组委会另有指定的除外），选手必须保证每副牌为52张，除去大小王。用于记忆的两副要提前打乱，另外两副用于回忆摆牌的可以按照选手喜欢的顺序排列好。

（2）扑克牌必须用盒子装好，贴上标签，并用橡皮圈绑好。每张标签上都应包括选手姓名，第几轮，是记忆用还是回忆用的扑克牌。比如某某某，第1轮，记忆；某某某，第1轮，回忆；等等。

（3）四副扑克牌要用结实的袋子装好，在赛场报到处交给裁判保管。袋子上也要贴上标签，写上姓名、电话。

（4）对于能在5分钟内记下一副完整扑克牌的选手，必须自备组委会认可品牌的魔方计时器。同时，组委会会安排一个裁判员检查计时器，监督选手整个快速扑克的记忆和回忆过程。

注意：选手需要在开始记忆前和监督裁判员确定以下几点：

（1）选手必须告知裁判从哪一张扑克牌开始记忆，即从面到底还是从底到面。一旦确定，不可在对牌的时候改变。裁判将根据之前约定的顺序对牌算分。

（2）选手必须事先告知裁判一个适当的信号以代表其完成记忆。例如，将手中记忆的扑克牌扣在桌面上，即代表记忆停止。当然，在选手人手都有一台魔方计时器的情况下，记忆何时结束都由选手自己控制。裁判在旁边起到监督和协助计时的作用。

（3）选手可于5分钟内的任何时候开始记忆。例如，当主裁判喊“开始”后，选手可以不用马上开始记忆。但是，当主裁判喊“停止”所有选手必须停止，并双手快速、但要轻盈地停止魔法计时器。

（4）扑克牌可以多次记忆，每次可记忆多张牌。但要注意，当选手记忆结束，并已经停止了自己的魔法计时器。然后选手又重新拿起扑克牌记忆，那么，他的记忆时间统一为5分钟。

（5）扑克牌必须在裁判视野范围内，即手必须高于桌子，不能放在大腿上记忆。

（6）在主裁判喊“开始”前的10秒钟内，选手才可以抓住扑克牌并准备好计时动作。

（7）选手如果在记忆的过程中擅自调整裁判之前洗好的扑克牌的顺序，属于违规行为，该轮成绩作0分处理。

（8）裁判未宣布5分钟的记忆时间结束，选手绝不能开始排列扑克牌。

回忆部分

（1）记忆完成后，裁判把选手回忆的扑克牌放在选手面前。只有当主裁判喊“开始”后，选手才可以回忆摆牌。

（2）选手需将第一副扑克牌排列成已记忆的扑克牌的顺序。

（3）当5分钟回忆时间到，选手必须停止摆牌。

计分方法

（1）裁判会按照和选手在记忆之前约定的顺序，从选手记忆的第1张开始对牌。两副扑克牌逐张比较，当出现不一样，即错误时，对牌停止。裁判在答题卡上记录选手正确的牌数。后面的扑克牌对多少，错多少张都不计入成绩。

（2）在最短的时间内准确地记下52张扑克牌的选手为冠军。

（3）如果选手正确的扑克牌数少于52张其记忆时间统一记录为5分钟，即300秒，而所得分数为c/52，当中c是正确回忆的扑克牌数目。

（4）选手最终成绩为两轮中最佳成绩。

（5）如出现相同分数，另一轮得分较高者获胜。

“史塔克”魔方计时器

“史塔克”魔方计时器是世界记忆锦标赛中指定使用的计时器。开启电源后，选手双手同时触摸感应区，红灯亮。当选手其中一只手，或者双手离开感应区时，绿灯闪烁，计时开始。

当选手再把双手同时触摸感应区时，计时停止。

组委会可以允许选手合理改造计时器，即先用物体压住计时器其中一边的感应区，只用一只手就可以控制计时器的开始和停止。

记忆小贴士：快扑主要强调在快上，不仅仅是快，还需要你保证绝对的准确率，有一张错误就已经算失败了。平时训练这个项目的时候我们很强调一遍过（即只看一遍），一遍过的能力要强，准确率才能高。这个项目一般有两轮，所以在比赛过程中第一轮我们都会选择保稳，记慢点或者选择看两遍。第二轮再去冲刺自己平时的最好成绩。记忆过程中对于节奏的把握很重要。

扑克牌编码表

牌名	黑桃♠	红桃♥	梅花♣	方块♦
A	11梯子	21鳄鱼	31鲨鱼	41蜥蜴
2	12椅儿	22双胞胎	32扇儿	42柿儿
3	13医生	23和尚	33星星	43石山
4	14钥匙	24闹钟	34三丝	44蛇
5	15鹦鹉	25二胡	35山虎	45师傅
6	16石榴	26河流	36山鹿	46饲料
7	17仪器	27耳机	37山鸡	47司机
8	18腰包	28恶霸	38妇女	48石板
9	19药酒	29恶囚	39三角尺	49湿狗
10	10 棒球	20香烟	30三轮车	40司令
J	51工人	52鼓儿	53乌纱帽	54巫师
Q	61儿童	62牛儿	63流沙	64螺丝
K	71鸡翼	72企鹅	73花旗参	74骑士

选手个性编码表

牌名	黑桃♠	红桃♥	梅花♣	方块♦
A				
1				
2				
3				
4				
5				
6				
7				
8				

以上就是关于所有赛事项目的记忆方法，相信你经过认真深入的学习，也会像所有的世界记忆大师以及最强大脑选手一样，拥有过目不忘的超强记忆能力。世界记忆锦标赛被誉为最强大脑记忆选手的摇篮，这个比赛曾经诞生了许许多多优秀的国内顶尖的记忆大师，下面是他们的个人成长经历，让我们一起来看看小白是如何成为大神的！

第四节　国内顶尖记忆大师们的成才之路

这里有许多世界顶尖的记忆大师从小白到高手的成长之路，让我们一起来看看吧！

1.胡嘉桦

最强大脑之燃烧吧大脑第三季选手

2019世界记忆锦标赛中国赛亚军

2019台湾记忆公开赛冠军

2019澳门记忆公开赛总冠军

2014年在《最强大脑》的影响下，我萌生了学习记忆法的兴趣，并开始在网络上自学记忆法。那一年中考之后，我在家附近的机构报名了一对一学习记忆法，花费相当高。可上了几节课之后，发现老师讲授的内容和自己在网络上看到的内容并没有太大差别，因此停止了课程。而学习记忆法的热情随着《最强大脑》播出的结束和欢乐的暑假渐渐淡忘。

直到2015年，《最强大脑》第二季播出，我又重新点燃了学习记忆扑克牌的热情，每天中午在宿舍练习记忆扑克牌。那时候重新在网络上寻找练习资料，并找到了一个教授记忆法的公益QQ群，在里面学习到了很多知识也交到了很多朋友，还知道了世界记忆锦标赛的存在，知道了参加比赛达到对应的标准就可以成为记忆大师。

在了解过后我决定报名参加2015年的世界记忆锦标赛广州城市赛，当时我对除了记忆扑克之外的项目全都不了解，由于假期的惰性，在当年8月我才开始记忆数字编码，并渐渐开始练习其他项目，可以说准备很不充分就参加了那一场比赛，没想到一路顺利晋级到了世锦赛。

在那一年的练习之中，随着我的成绩不断进步，为了找寻一种在现实生活中得不到的优越感和自豪感，赢取他人的赞赏，我开始盲目追求记忆速度而完全忽视了准确率，也正是因此我的基本功变得相当不扎实。直到比赛开始，我意识到自己的问题，虽然有及时做出调整，但已经为时太晚。在最后的比赛中，因为一些小失误，我和“记忆大师”失之交臂。虽然相当沮丧，但是那一年我赢取了父母的支持，结识了很多拥有共同兴趣的伙伴，增长了见识，也令我这样一个原本很不擅长说话的人，学会主动和外界交流。

2016年因为高考的缘故，我仅参加了香港记忆公开赛就暂时离开了记忆圈，直到2017年高考结束之后才重新开始比赛之旅。恢复训练一个月之后，我参加了高考后的第一场比赛，然而比赛结果和我的预期相差甚远。由于太久没有练习，我还没办法一下子找回记忆的感觉，为了解决这个问题，我和几个小伙伴进行了为期20天的封闭式培训。随后开始了2017年的参赛之旅，去圆两年前未完的那个梦。和上一次相比，这一年我是幸福的，身边有了并肩作战的伙伴，3年的沉淀也令我在比赛中开始渐露头角，拿下了越来越多的奖项，我的目标也渐渐从IMM变为IGM。可惜年少气盛的我却因此而膨胀，在中国赛之后不愿意进行过多的训练，导致在最后的世锦赛上发挥失常，最终仅仅拿下了IMM。

2018年，我在我的学校建立了记忆协会，并且人生第一次出国参加比赛，去日本、新加坡参加了各种各样的比赛，也取得了越来越多的成绩，拿到了亚锦赛的总季军。在2018年的中国赛上，甚至第一次在比赛中达到了6000分，快速扑克进了20秒之内，成为我少年时期心目中高手的样子。可是同样的剧情又再次上演，膨胀的自信心使我在那一年的世锦赛上再一次遭遇滑铁卢，最终比出了全年最差的成绩。

2019年，我带领了学校记忆社的成员在暑期进行了封闭式的训练，并在8月份开始了今年的参赛历程。这一年取得的成绩无疑是5年中最好的。拿下了许多的全场冠军，其中也包括一个全国总亚军，成绩也从未低于6000分，甚至在澳门公开赛中，第一次发挥出来7000分以上的水平。可惜在那一年的世锦赛前却生了一场重病，在世锦赛上再一次遭遇滑铁卢，仅仅拿下了GMM。

在2019年的时候，我立下了我要连续参赛10年的誓言，2020是我的第6个年头，我从最开始因为好玩接触了记忆法，到后来的为了拿下记忆大师而训练，再到后来为了成为世界顶级的记忆选手而努力，又回到了如今的因为热爱而练习。也希望越来越多的人可以一直保持这一份对记忆比赛本身的热爱，而在这条路上一直走下去。

2.中国脑王——石彬彬

国际特级记忆大师

第24届世界记忆锦标赛天津城市赛总冠军

第24届世界记忆锦标赛中国区总冠军

第25届世界记忆锦标赛中国区总冠军并获封“中国脑王”

第26届世界记忆锦标赛全球总决赛世界总亚军

多次打破世界吉尼斯纪录并获得官方证书

3年时间比赛中共获得32金13银12铜

2020年2月2日，新冠肺炎隔离期间，我关在房间里，坐在电脑前，静静地敲出这段文字，回首我的记忆之旅，从一个普普通通的实验员，变身成为记忆界小有名气的“石神”，其实有点奇幻。

我从小在河北农村长大，属于那种很内向、有些愚钝的孩子，说得好听点叫大智若愚。五六岁的时候妈妈在家教我数学，我怎么也学不会写数字4，被打了好几天终于学会，因此不喜欢上学，7岁才肯去上幼儿园，经常逃学。

我的记忆力在同学当中算是比较好的，从小学到初中一路很顺利，成绩一直处于上游。这一时期最喜欢异想天开，整天幻想各种奇奇怪怪的事情。

初一入学的时候因为个子矮所以坐在第一排，因为我们那时候小学是不学英语的，所以初中第一次接触英语，怎么也不开窍。当时的班主任就是英语老师，他让我妈妈每天给我听写单词。而我记单词特别快，这一招对我很管用，到第二学期的时候我的英语成绩就进入班级前三了。

初二开始，我的成绩进入班级前五、年级前30了，一直到初三，都很稳定，顺利考入高中。

高中三年的经历好多，许多痛苦和美好的回忆都深深印刻在我脑海里。

高一我分到了文科班，但所有学科都要学习，高一结束时才会让我们自行选择文理科。高中学习压力重了，不过我们学校的管理是比较松的，适合我的性格，因为我的记忆力好，所以第一学期期末考试，整个年级500多人，我轻松拿到了年级第四、班级第三。那个时候我偏科得厉害，喜欢理科，讨厌文科。

就在这时候，又发生了一件意想不到的事，“非典”来了，来得太突然，搞得人心惶惶，没过几天学校就被迫停课了。

同学们都没有来得及道别就纷纷回家，村子也戒严了。我每天在家待着，也不让出村，每天都会看新闻，希望这场“战争”早点结束，让我早点回到学校，见到同学们。

这次停课一共持续了不到两个月，终于开学了，回到学校已经快6月了，我们又开始紧张的学习，学期结束分班时我选择了理科班。

高二开始学理科之后，我算是如鱼得水，都是我很有兴趣的学科，成绩自然也就不会太差了。高二分班后换了英语老师，竟然是我初中的班主任，他教英语很专业，而且也很有前瞻性，他对我们的口语、语法、听力、单词量都有严格的要求。第一个学期，他给我们组织了几次四级词汇考试，就是单纯地考单词量。考试前两周他把四级单词都打印出来给我们，让我们课余时间自由背诵。那次考试我至今记忆犹新，户外考试，200个单词，都是难度比较大的，给我们一个小时的时间写单词的汉语意思，全场我第一个交卷，用时15分钟，而且最后成绩是满分。那一次真的让我感受到自己的记忆力确实比别人好很多，尤其是在英语上。这个经历也让我对学习更加有信心。

高二上学期期末考试，出乎所有人意料，我也没想到，竟然考了个年级理科班第一，这是我高中第一次得第一，班级和年级的第一，还得到了50元的奖励。后来一直到高三，我的成绩再也没有出过班级前两名。当然，高三后期也有一些浮躁，有段时间不爱上自习，迷茫，导致高考失利，最终只考上一个普通本科大学。

那个时候对报考志愿都不太了解，也不知道自己的兴趣，所以选择了一个食品科学与工程专业。

进入大学后，课程比较轻松，对学习也就没有了之前的兴趣，不过依然最喜欢英语。我养成了读外语报纸的习惯，那时候主要看《21世纪》，也看过很多古典名著以及英文原著。四六级过得很轻松，当时也有想过，以后从事英语方面的工作，但是又觉得自己跟英语专业的水平差很多，也就没再坚持下去。

2009年大学毕业后，我曾从事过亚麻油检测、酱油醋生产、生物基因检测、实验室科研助理等工作，只是平凡打工族中的一员。因为我不善言辞，不通人情世故，只会埋头做实验，对于吃喝送礼、溜须拍马等很反感，所以表现平平，工作中并没有突出表现，因为这些琐事，我整夜整夜地失眠，经常上火。这也使我越来越内向，越来越自卑。

2014年年初由于在工作上实在看不到前途，我辞职离开了北京，当时也没什么目标，就决定考公务员试试，于是回家备考。4月中旬，公考结束后，等成绩期间正好看到一档科学类的电视节目《最强大脑》，里面有很多期都是关于记忆力的，它让我对记忆法萌生了兴趣，于是我便从网上下载了一些资料，通读了几十本图书之后，便了解了快速记忆的原理。等待成绩无聊的时候，也照着书上的方法，练练手。

5月公布成绩，三百选一的职位，只有前三名有面试的机会，我考了第11名，意料之中的成绩，但还是让我一下子跌到了谷底。之后正式开启了学习记忆的生涯，当时只是出于兴趣，一边找工作一边训练自己的记忆技能。

现在回想起来，那段时间应该是我人生最迷茫的时候，毕业5年，换过4份工作，一直找不到方向，如今又失业了，现在只好一边找工作一边训练记忆力当作消遣。

人生中有些巧合就像是命中注定的，7月份的一天，我在网上投简历时无意看到了一个培训班招英语老师的职位，我就投了个简历。两天后我收到了面试通知，因为正好在我们市，我就去面试了，面试过程中老师和我聊得很投缘，后来顺理成章地，我就留下来开始任实习小学英语老师。这份工作持续了1年零1个月，这一年是我毕业以来最辛苦的一年。这份工作一般是周一休息，周二到周五在单位备课和试讲，周末两天上课。这个时期，我已经渐渐爱上了记忆训练，因此每天晚上我会训练一个小时数字和扑克牌。这个过程虽然很枯燥，但是持续的进步让我越来越有信心。

2014年10月的时候接触到了世界记忆锦标赛，由于当时自己训练时间太少，而且自学得很不系统，所以没报名第23届世界记忆锦标赛，不过我给自己定了一个目标：一旦参赛，目标一定是冠军。

2015年，是我努力沉淀的一年，白天上班，晚上下班后训练一个小时，每天如此。经过一年多的坚持，成绩有了很大的提高，至少我自己比较满意，觉得今年可以参赛试试水了。

说到这里还有一个小插曲，当时我也是从网上加了几个选手交流的QQ群，里面有来自全国各地的一些记忆爱好者，平时我们会交流一下方法和心得等，也认识了很多好朋友。因为训练很枯燥，所以我经常会在群里发言，分享些自己的心得以及训练成绩等。可能我的成绩有些太好了，好几个项目成绩都接近世界纪录，引起了许多怀疑，总是有人质疑我在虚报成绩，他们觉得：你一个默默无闻的自学新手，成绩怎么会那么好，肯定是吹牛的。于是，就因为成绩太好涉嫌作假，我先后被三个QQ群踢出来过。

2015年9月，我破釜沉舟，辞掉了工作全力准备参赛。当时我记忆一副牌最好成绩已经达到19秒，5分钟也能记对480个数字，人名和词语项目虽然只练过有限的几次，但都已经接近当时的中国纪录，唯一缺少的可能就是比赛经验了。辞职后我在家考虑了几天要不要找一些实战的机会，再三考虑后 ，我带着上班一年多攒下的钱跑到了南方和一群记忆爱好者一起集训，每天互相切磋交流，而且还有很多模拟的机会。一个多月的集训让我得到了系统的提升，主要是规则和心态上的适应。如今集训队员中的很多位也都成了记忆大师，也进入了不同的行业，创造着属于自己的精彩。

2015年8月，第24届世界记忆锦标赛城市赛报名启动了，当时我在保定老家，离我最近的是北京、天津和沧州赛区，综合考虑后我选择了天津赛区主要是因为这个赛区的奖金丰厚，冠军2万元，世界纪录2万元，这对于当时月薪1500元钱的我来说真的是一笔巨款了。

11月7—9日，我参加了天津城市赛，我给自己定的目标是十金。初试牛刀，赛前还是有些紧张的，因为当时看了一下其他选手的报名信息，有些选手填写的个人成绩是很不错的，我要拿冠军还是有些压力。赛前那个晚上还是失眠了，第二天比赛开始，第一个项目是人名头像，比完感觉状态一般，过了一会儿公布成绩的时候，我看到竟然排在第一位，瞬间有种如释重负的感觉，后面的项目我便有些信心了，因为我的强项都在后面。果然，接下来的比赛顺利了很多，每比完一项，我拿一项冠军，马拉松扑克牌是我最有可能打破世界纪录的项目，比赛前需要裁判帮忙洗牌，当时给我洗牌的是一个大姐，她一边洗牌一边笑着对我说：我今年手气可好了，祝你破纪录！可能就是这句话让我一下子放松了好多，等到这项宣布成绩的时候，主持人都很激动，全场都炸锅了，我初次参赛，真的打破了吉尼斯世界纪录，10分钟记住了7副零28张扑克牌。当时我特别激动，差点就泪洒赛场了。

就这样两天的城市赛项目全部结束，我拿到了比赛十大项目10块金牌，同时马拉松扑克牌项目（10分钟）还打破了世界纪录，轻松拿到了海选赛天津城市赛冠军，以及4万元的奖金，总分6936分。这一成绩超过了历届很多中外高手的水平，我也成为这一届的海选赛全国冠军，当时海选赛的全国亚军成绩是5200多分。这场比赛给了我极大的信心，因为我之前从未做过10项模拟，我都不知道自己成绩有这么好。我开始有些期待后面的中国赛和世界赛了。

当我把拿到冠军的消息告诉家里时，电话那头，我妹妹一下子喊出来了，并大叫着告诉我爸妈。那一刻，我才真正得到了他们的理解，因为之前他们见我在房间里一个人整天闷头训练，还认为我疯了，现在他们终于知道，我做的事情是有意义的，不但可以养活自己了，还带给我许多荣誉。

城市赛的兴奋之后，我马上进入了紧张的备战，因为我知道更强大的对手在后面，有很多高手是没有加海选而直接进入中国总决赛的，其中包括很多明星选手以及往届的全国冠军。我拿着奖杯奖牌回到家待了两天，便又回到南方集训了。

2015年11月29—12月1日，第24届世界记忆锦标赛中国总决赛在江苏昆山盛大举行，这次我的压力更大了，因为这次面对的对手是来自全国30多个赛区的将近600位高手，而且其中还包括好几位最强大脑的明星选手以及往届的全国冠军。

这是我第一次参加大赛，最大的对手就是那些明星选手中的几位。第一天的三项（二进制、马数、人名）比赛过后，对手稍微领先，拿到了二进制和马数两个金牌，而我分别拿到银、银、铜，前两项都稍微落后，人名头像扳回来100多分，总成绩只落后他几十分。第二天四个项目（抽图、快数、马扑）对手分别拿到金、银、银。我第二天发挥不错，成绩分别是铜、金、金。快数是我第一枚金牌，同时打平了世界纪录，504个，马扑我也以0.31副的优势战胜了对手。这时候我的七项总成绩也反超了。第三天算是最激烈的一天，因为后面三个项目（词语、听记、快扑）都非常重要，而且偶然性很大。词语是我的强项，结果我拿到了银牌，对手拿到了铜牌；听记的时候我状态不错，第二轮对了200个，拿下了金牌。下午的快扑是重头戏，第一轮我小心翼翼地保稳发挥，30秒全对。这一成绩已经不错了，基本算是单项前三名了，这样一来，一颗悬着的心总算放下，冠军终于落入囊中。

经过三天的激烈比赛，最终我以3金4银2铜的成绩拿下总冠军，而我们所有选手也一起创造了中国赛以来的史上最好成绩。这次比赛后，我一战成名，大家给了我一个新的名字：石神。

2015年12月份中旬，我代表中国队参加了四川成都第24届世界记忆锦标赛世界总决赛，这个比赛中我有两个项目是可以打破世界纪录的：第一个是马拉松数字，在第一天，当时的世界纪录是中国选手王峰保持的2660个；第二个是马拉松扑克，当时的纪录是英国人老本保持的28副，在第二天。结果在宣布马拉松数字成绩的时候，比赛的创始人托尼・博赞说同时有三个人打破了世界纪录，当时我心里一直打鼓：因为我记忆了3000个数字，我自己预估的成绩也是能打破纪录的。首先宣布的是铜牌的获得者，当他说到China的时候，我心里咯噔了一下，然后就听到他说：shi binbin，2800个数字。听完我有点沮丧，虽然打破了纪录，却只得了第三名。后面他宣布了第二名2992个数字，蒙古选手；第一名，美国选手Alex，3029个数字。对此，我心里有点小小的失望。

第二天比赛开始，我重新打起了精神，在马拉松扑克比赛前，我在心里告诉自己，一定要稳住，发挥出我的最佳水平。比赛一开始我就进入了狂热的状态，全神贯注，飞速地翻牌、记忆。比赛中途的时候我甚至都出汗了，赶紧把外套脱掉，继续快速地记忆。直到时间结束，我记完了31副牌，而且有29副牌是确定能得分的，剩下两副只有两张不太确定，但破纪录是没什么问题的。

第二天宣布成绩的时候，托尼・博赞先生兴奋地说：今天又有三个人同时打破了世界纪录，首先还是宣布铜牌，28副4张，美国选手Alex；然后是银牌，28副4张；挪威选手Oka；最后是金牌，第一名的成绩碾压了世界纪录，31副。然后他说出了，China，Shibinbin。当时全场都沸腾了，我站起来，向后面挥了挥手，那一刻，眼泪终于夺眶而出，因为我终于不仅打破了世界纪录，而且还拿到了一块宝贵的金牌，这也成了此次赛事中，中国选手拿到的唯一一块金牌。

最终，所有项目结束，我拿到了世界第五、中国第一的成绩。这就是我第一次比赛的神奇之旅，这一年的比赛，我收获了很多以前做梦都不敢想的东西，除了奖金，更多的是经历，是荣誉。站在国际赛场上，当各国选手向你投来羡慕和崇拜的眼神当观众投以潮水般的掌声，那一刻你会觉得，所有的汗水都值得。2016年我在工作之余每天还是会保持一个小时的训练，我相信每一个选手都有一个冠军梦，我也不例外，所以我决定要继续参赛。

2016年11月9—11日，第25届世界记忆锦标赛中国总决赛开战，这是我第二次参加中国赛了，心情却还是有些紧张，因为2016年我基本没有参加任何比赛：6月份成功入选美国XMT决赛，也是中国唯一被邀请的选手，由于签证问题没能参加，后面8月份的香港赛也因航班延误错过了。只拿了一个极忆杯线上比赛的冠军。一年没上赛场，心里不免有些没底，因为赛前就听说今年有几匹黑马实力不凡（其中就包括苏泽河苏神）。

我最终以3金3银2铜卫冕了全国总冠军，打破一项世界纪录（10分钟扑克牌8副18张），同时还获封“中国脑王”。作为这次比赛的最大黑马，苏神第一次参加中国赛就拿到了总亚军。

2016年12月16—18日，在新加坡参加第25届世界记忆锦标赛世界总决赛，可能是由于第一次出国比赛吧，比赛期间状态很差，前面项目很多失误，最后的快速扑克更是两轮全错，与前三名失之交臂，最终遗憾获得世界第七名。

2016年算是我最低迷的一年，本以为2017会有一个新的开始，没想到年初就跟当时的公司发生了一些矛盾，被老板小小地算计了一下，最终导致了我3月底的离职。后来听从了师父的指点，选择了南下。

来南方上班之后，工作比以前好了，也累了，出差比较多，训练的时间就更少了，但是心里有个遗憾，还是想再继续参赛，因此还是抽空就拿出资料来练练手。

2017年，8月27—28日，我报名参加了广州首届亚太记忆公开赛，这次比赛我准备得很不充分。当时上班比较忙，正好还赶上夏令营，一直在讲课，留给我训练的时间特别少，很多项目一次都没模拟过，而且最重要的，从7月份开始就生病了，咳嗽了一个月也没痊愈，而这次比赛的国内高手中，苏泽河和甘考源同学，最近的几次比赛成绩都非常好：苏神在刚结束的国外公开赛中的成绩已经超过了我之前比赛的最好成绩，甘同学在城市赛中获得了海选赛全国第一名。

由于训练荒废，赛前我就没有什么信心。最终，我以不大不小的差距夺得了全场总季军，获得4金2银3铜，也是此次比赛获得奖牌数最多的选手。

2017年12月6—8日，第26届世界记忆锦标赛世界总决赛在深圳举行。这次比赛可以说是高手云集，除了国内的几位高手外，蒙古国的草原三姐妹也是实力非凡，在8月份的香港赛中，她们的表现着实惊人，尤其是在长时项目上，大破纪录。

为了这次比赛，我花了一些时间改变了之前的一些记忆方法和习惯，战术上也做了调整。比赛的第一场人名头像，我和一位蒙古选手都是99分，但我的正确率较高，得了铜牌，而她没拿到奖牌，真的有点意外，然后第一天下午的马拉松数字项目，我和蒙古双胞胎的姐姐同时打破世界纪录，都是3040分，后来经过裁判团的反复核对，我由于较高的正确率拿到了金牌。至此，竟让我有一种感觉，这次比赛，运气似乎降临到了我头上，我有一种要得冠军的预感。二进制项目也是一样，我改进了方法，成绩比亚太赛的时候有大幅提高，而且其他国内高手这次也有些发挥失常，我拿到了一块铜牌，蒙古的双胞胎姐妹双双破了纪录，总分反超了我，但是差距不大。

第二天的比赛中，我第一次在历史年代项目中使用新方法，发挥还不错，记了131个，得分102分，拿到了全场第二名。快速数字项目共两轮，第一轮我记了536个，却错了两行，只得到456分，暂居第二。在我以往的经验中，第二轮的成绩从来没有超过第一轮，因为第二轮的地点稍差一些，但是我知道，我必须要有信心，所以我在心里告诉自己，一定要全心投入，放空一切，争取打破魔咒。结果如我所愿，第二轮小爆发了一下，记了528个数字，错了一位，扣了20分，最终得分508，拿到了全场冠军。抽象图形项目583分拿到了成人组第二名。下午是马拉松扑克牌项目，比赛时，我记完30副后，又拿起下一副牌匆匆看了一眼，一般选手都会死记两张牌，但是我留心了一下，记住了四张。结果出来后，我就因为多记那两张拿到了成人组的铜牌。第二天比赛就这样结束了，感觉自己还是比较幸运的，每个项目都拿到了奖牌。

第二天晚上换了一个新房间，结果晚上怎么也无法入睡。我起来拉上窗帘，关掉所有的灯，还塞上了耳塞，又坚持了几个小时，依然没有睡着。一想到明天还有两个重要的项目，我就陷入深深的恐惧，那种失眠到绝望的感觉，我想很少有人能体会。

第三天比赛开始，共三个项目，第一场是随机词汇，这是我的强项，但是我当时的状态已经有所下滑，强打精神，记了268个，最后得分262个，但也拿到了金牌。接下来是听力数字，状态更差了，一再小心翼翼，还是出错了，没跟上节奏，最终只对了110个。这个时候，前9项的成绩我还是领先的，我总分比蒙古双胞胎姐姐高200多分，暂列全场第一。最紧张的是下午的快速扑克牌，因为越往后，我的精神状态越差了，一夜没合眼，眼睛都快睁不开了，第一轮开始后，我恍恍惚惚地记完，一拍计时器发现都50多秒了，不过勉强全对了。第二轮更紧张了，因为我知道好像对手第一轮都正确了，而且比我快。最终我还是没有快起来，以37秒9的成绩结束比赛，比赛结束时有点心灰意冷，感觉可能要输了。

颁奖典礼进行的时候，我一点也高兴不起来，虽然主持人一直在念我的名字，前面8个项目，我拿到了8块奖牌。最后要颁发总冠亚季军奖了，果然如我所担心的那样，我是总亚军，最可惜的是以5分之差惜败。

最终比赛结果，蒙古双胞胎中的姐姐8035分获得总冠军，我总分8030获得世界总亚军，同时打破一小时数字项目世界纪录（3040个），并成为新的吉尼斯世界纪录保持者。此次比赛我也是全场获得奖牌数最多的选手，3金2银3铜。同时我和苏泽河、李杨也帮助中国队再次拿到了团体冠军。2017年世界赛之后，我的官网排名也上升到了中国第一、世界第五。这里需要提一下的是，2018年年初世锦赛组委会进行了新一轮的项目计分系数修正，我的官网成绩又反超了蒙古姐姐，排名世界第四。

现在回想起来，对当时的失利也没有那么在乎了，因为人生终会有遗憾，2020年，一个新的开始，我希望能把自己这些年的经验分享给更多的选手，帮助他们在记忆路上实现自己的梦想。近两年的世界记忆锦标赛中，中国选手展示出了非凡的实力，其中有几位新生代小选手潜力巨大。这是我们所有中国选手都期望看到的，同时也祝愿日后能有更多高手出现，带领中国记忆走向巅峰！

3.邹璐建

2016年国际特级记忆大师

2016年世界记忆锦标赛南昌城市赛总冠军

2017韩国记忆公开赛打破快速扑克中国纪录

2017菲律宾记忆公开赛总亚军并打破快速扑克中国纪录

2017马来西亚记忆公开赛总冠军并打破快速扑克中国纪录

2017第一届记忆九段总亚军并打破快速扑克中国纪录

2017世界记忆锦标赛中国总决赛总冠军

2017年世界记忆锦标赛打破快速扑克世界纪录

大家好，我是邹璐建。从小到大要说自己感兴趣的东西也确实有一些，比如田径、篮球、武术。但和记忆法相比，这些爱好只能说是感兴趣而已。从没想过自己有一天也能因为一件喜欢的事情不停地去琢磨、去研究、去探索，甚至于多少个梦中都会梦到自己在训练记忆法。回想起多年前的一场讲座，不由得感叹，得是多少的巧合凑在一起才能让自己找到一份喜爱的事情。

时光荏苒，如今已经2020年了，距离2015年那场讲座也有5年的时间了。讲座那天既兴奋又遗憾，兴奋是因为学校请来了王峰老师，遗憾的是自己没能去听那场讲座。如果那天晚上没有和选修课时间冲突，我想我一定能占到一个好位子听王峰老师讲座。后来托朋友买到了王峰老师的书，那是一本有亲笔签名的书。十分感谢我的好朋友，如果没有这本书，还不知道这辈子能不能找到一件自己热衷的事情。

读书那会儿我对阅读没有太大的兴趣，但是翻开这本记忆书，我竟然能一口气看完。这太神奇了，那种兴奋的感觉就如同伯牙子期相遇一般。不满于此的我开始不断地搜集有关记忆法的资料和书籍。偶然间看到“世界记忆大师”的资料，说全球获得记忆大师荣誉称号的人数不到300人。心想果真是行行出状元，不管哪个领域都能有很强的人，一直以为记忆力再强也不会强到哪里去，可是居然有“记忆大师”存在。但同时心里也在告诉自己，比记忆肯定是比不过人家的。

就这样过了一段时间，我再次点开“世界记忆大师”，这一次我暗自决定，我要通过自己的努力证明自己一次，如果可以的话，我要拿到世界记忆大师作为生日礼物送给自己。但这趟旅程并不一帆风顺。

最开始我拿起扑克开始琢磨的时候，就已经感受到了异样的眼光。但是没事，既然喜欢训练，那就坚持练下去吧。慢慢地随着训练量的增加，对于环境的要求就越来越苛刻了，我迫切地需要一个安静的环境来进行训练。一开始局限于寻找安静的教室，始终没找到，之后我去问辅导员胡老师：“老师，为什么就是找不到一个安静的环境训练呢？”胡老师语重心长地对我说：“你觉得办公室的环境如何？或许你会觉得办公室很安静，但其实不然，电话会不定时地响起，办公室也会不定时地有学生敲门，所以你需要学会的是接受外界本来的样子。”这句话对我的影响很大，之后我开始不局限找安静的教室了，只要是一个安静的地方就可以了，找来找去，找到了教学楼的七楼。这里类似于天台，十分的安静，但是通向天台的门是紧闭着的，只能坐在门前的小台阶进行训练，而周围还堆积着没有被处理的杂货。

这一练，就是三个月。那会儿还赶上大冬天，可是丝毫感觉不到训练的热情减弱。偶尔也会有人误打误撞走上七楼，但是看着一个人坐在台阶上不知道拿着扑克在干啥，就慌慌张张地走下去了。这倒不是最尴尬的，最尴尬的是有一次一个朋友走上了七楼，我俩四目相对之后不知道如何缓解尴尬。随即朋友便问去七楼咋去？我说得从中间的楼梯上去，这边的楼梯上不去。

当我在沾沾自喜自己逐步能达到记忆大师标准的时候，有一天中午偷偷睡了个懒觉。这个懒觉睡得太难忘了，刷着手机的我看到一则新闻“石彬彬打破尘封四年的马拉松扑克牌世界纪录”。（在那时候我一直以为世界记忆锦标赛是每年的3月份，这个懒觉发生在12月份。）当时心里就在想，为啥3月份的比赛，要9个月之后再发新闻呢？难道是因为系统感应到我最近在练记忆法所以推送的？随后，我发现原来比赛就在12月份，我完美地错过了比赛。

2015年12月的这个懒觉确实难忘。一直以为比赛是3月份，沾沾自喜现在才12月就能够达到记忆大师标准了，训练可以不用那么紧张稍微缓缓了。此时的自己心情十分复杂。错过了2015年的比赛，就没办法在18岁的时候拿到证送给自己了，留下了一个小遗憾。下一次比赛在一年后，如果现在放松的话，到时候熟练度肯定会下降，都不一定能达到标准；可是继续训练的话，那种感觉像是又得浪费一年时间一样。这一年里的所有空闲时间依然不能像幻想中那样打球、健身、玩手机、打游戏。在经过一番思想斗争之后，我终于下定决心，长舒一口气。“操千曲而后晓声，观千剑而后识器”，不满足于自己当前的成绩，我还是决定继续练。就这样又开始了一年的训练。这段时间里，经历过训练的热情、训练的疲劳、训练的习惯，非常期盼有一个周末可以不用写作业，这样可以完整地训练一个周末。上课的时候不停地数着指头，还有几天就周末，可以练一整天了。要说孩子气其实当时还是有的，比较执拗。记得为了保证自己的训练状态和精神状态，我会要求自己在10点前就入睡，那种强迫度甚至有点像强迫症。有一次寝室外头实在太吵了，到12点还是没法入睡，我心里感到特别恐慌，恐慌第二天的训练要白费了。这种恐慌激发了我的行动力，于是乎第二天醒来之后我便租了个房子，当晚即拎包入住10点入眠。从没想过自己能有这般的行动力，也不知道自己这么早睡究竟能否保证第二天的效率。只记得当时看到一篇报道，是说科比在接受采访的时候对记者说：“你见过凌晨4点的洛杉矶吗？真的很美。”虽然我没法凌晨4点起床，但是自从租了房子之后，我见到了凌晨5点的南昌，真的很冷。

不知不觉来到了12月，经过层层比赛终于来到了世界记忆锦标赛总决赛。当晚最自豪的是时隔多年，中国队再一次站上舞台，让赛场响起国歌。

中国队拿到了团体冠军。

在场的国人无不自豪，看着自己如愿以偿拿到了大师证之后，窃窃自喜，还好没有拖国家的后腿。要说这段时光，总有人会问自己有啥感想。但我确实不知道自己有啥感想，真要说的话，那应该是在最初的时候，看到记忆大师的资料，觉得自己做不到，但是当自己下定决心尝试之后，发现原来这并不是可望不可即的事情。就像之前一个学长的故事教会我，“很多时候我们低估了自己的能力，有些事情不是我们做不到而是我们不敢去尝试”。

我一直觉得自己无比幸运，能够找到一份热爱的事情，也希望各位能够找到令自己热衷的事情，并且为之奋斗。祝福大家早日追逐到自己的理想。

4.励志冠军——张兴荣

国际特级记忆大师

两届中国记忆总冠军

打破15min数字中国纪录

打破60min数字中国纪录

打破30min二进制中国纪录

打破英文听记数字中国记录

目前听记数字中国纪录保持者

打破30min随机数字世界纪录

目前世界吉尼斯记忆纪录保持者

连续2次打破抽象图形世界纪录

2018年第27届世锦赛中国赛总冠军

2019年第28届世锦赛蝉联中国赛总冠军

2018年12月官方排名亚洲第一、世界第三

2018年12月世锦赛成人组总季军，团体总冠军

2019年亚太记忆公开赛成人组总冠军，团体总冠军

2019年第28届世锦赛抽象图形世界冠军，团体总季军

我的记忆法启蒙是在大学的时候，2014年年初我正在读大一，那时看了《最强大脑》第一季，极其震撼——人的记忆力怎么可以好到这个程度，于是开始在网上疯狂搜索关于记忆方法的信息。大量查询之后，我发现这种记忆能力是可以后天训练的，舞台上的表演者有一个共同的称号“世界记忆大师”，但当时不知道在哪里可以学习这个课程，内心似乎对这个称号也没有太多的追求，

也就没有想着去考一个，只是把心思花在了对自己学习有帮助的实用记忆研究上。开学之后，我兴冲冲地跑去图书馆搜索关于记忆的书，我清晰地记得当时看到这些书的感受——我感叹自己对书的认识太浅了，原来世界上还有介绍记忆的书。我十分沉迷地将关于记忆的书都浏览了一遍，大概了解了记忆的方法，依稀记得当时看的书还有王峰老师的《记忆王子教你轻松记》，那也算是我的记忆入门书。

我从书中的案例总结出一点：记忆是需要联想力的。联想可以将很多看似不相关的东西联系在一起，看到其中一个，就能想起另一个。我在小学的时候就知道自己联想力很好，所以我在学习记忆法的时候感觉很轻松，看完方法自己就能够实践，后来我在竞技记忆上取得了比较出色的成绩，也多少与此相关。我的记忆思维过程相对复杂，但是我的联想能力很好，所以能在瞬间完成很多联想，所以不仅记得稳，速度也不慢。我看书学习实用记忆方法之后，就开始在学习考试中有意识地应用，大学的时候，我几乎每门课都在90以上，很多记忆为主的科目都不用花费太多力气就可以考好，这和学习记忆方法有很大的联系，包括单词记忆。我以前读书时候就感觉记单词速度挺快，学了记忆方法之后，记得比以前更快了一些，主要是记得更牢了。

我真正开始决心参加竞技记忆是在2016年年初。当时我正在德国读书，寒假无事便去周边的国家旅游，很早时候就听说维也纳是音乐之都，所以我在维也纳游玩时就买了一张去金色大厅听演奏的票，站在最后一排的柱子旁听着，可惜自己无法欣赏如此高雅的音乐，就闭着眼睛聆听并开始思考自己的未来，我在想自己以后可以做什么、什么是我擅长又感兴趣的。我想到了记忆，这是我感兴趣，且又有一定资质的领域。我清晰地记得那一天，思考得很沉迷，以至于观众都纷纷离场了我才反应过来音乐会已经结束，也就是那一天，我决定自己以后要在记忆这方面深入研究，拿到“世界记忆大师”称号——这个称号当时在我心中是至高的存在。旅游结束，我回到德国，在网上报名了课程，再次学习记忆，认识了任天杰、大天使等优秀的实用老师，也认识了世界记忆大师叶祥文老师，为我竞技记忆启蒙。

2016年8月中旬我回到国内，去重庆跟随叶祥文老师训练，两个月后迎来了重庆城市赛，当时大概以2400分的成绩拿到了总季军，后来在中国赛拿到了大概2700分，未能晋级当年在新加坡举行的世界赛。

回到学校后，我准备考研，但在过年期间，我突然听说2017年的世界赛会在中国举办，我思考自己应该考研还是准备比赛，5分钟后我下定决心——比赛，原因很简单，如果我现在参赛，我可以挑战自己的极限，如果我考上研究生之后再一边读书一边比赛，很可能达不到自己的极限。我自己也很想看看自己的能力在哪里。从小到大我自学过很多技能，乒乓球、书法、象棋，等等，都学得还可以，这次的记忆，我到底能达到什么水平呢？我不知道，但一定至少要达到“国际特级记忆大师”。

2017年2月我去武汉强战队训练，10个月的训练，我拿到了国际特级记忆大师IGM。依稀记得比赛结束颁奖拿到IGM的时候，我并没有太开心，甚至比完赛第二天早上醒来，就好像什么都没发生过一样平静。我想是因为我虽然实现了当初的目标，但是我并不十分满意，我本应做得更好，但是由于各方面原因却没有做到。

所以我决定2018年继续参赛，目标很简单——中国总冠军。2018年的上半年训练得比较少，因为白天要带学生，不允许训练，只能晚上抽空简单训练一会儿，好在自己的水平也在这短暂的训练中慢慢提升了一些。8月份我开始全身心训练，水平进步很多。当时10月区域赛的时候，我看到韦沁汝同学的成绩已经超过8000分，这是我最强大的对手。我的学生调侃我说，张教练你去参加中国赛就是顺手拿个中国冠军。其实在我心里，这个冠军，很难很难。

转眼迎来了我人生最刺激的一次比赛——2018年中国总决赛，广州大学城体育馆。三天的比赛，我和韦同学的成绩你追我赶。打破抽象图形、半小时数字世界纪录，我领先在前，15分钟词汇我只对了72个，优势化为乌有。直到比快扑之前，我们的总分几乎是一样的。在比快扑之前，我独自一人走到体育馆外面散心，我对自己说，人生的机会和命运都掌握在自己手里，这个冠军我会拿到，但如果真的输给了这个强劲的对手，也值得了。

比快扑的时候，我非常自信，因为我在赛前的一段时间，每天都会测试一轮保稳快扑，时间稳定在25秒内，总是能够一张不推全对，所以我知道自己肯定能够发挥出自己的水平。比赛第一轮保稳，23秒全对，韦同学26秒全对，第二轮我俩冲刺双双失误，我也因此以3秒的微弱优势取胜，总分7691分，超越历届所有中国高手，问鼎亚洲第一，世界第三。我的目标实现了！

应该来说，我在2018年参赛的初心，就是获得中国总冠军，达到这个目标，让我开心了两周。不过我也冷静下来，我的能力是有机会冲击世界总冠军的，于是我开始坚定目标，冲击总冠。可惜当时最后一段时间，马拉松数字感觉不对，2017年世界赛记了2880全对，可是如今明显水平更强，最好成绩却只达到3000整，马拉松扑克也极其不稳定。而为了冲击8000以上的高分，我加快快扑，想要稳定在20秒以内，但稳定性因此下降很多，即便是25秒，也难以保证全对，这也让我夺冠的自信心极为受挫。后来世界赛，快扑正常发挥，两个马拉松却都发挥得并不理想，也让我离世界冠军的目标越来越远，最终总分7500多，位列全场第四，成人组第三。后来我反思了原因，大概是因为过于在意全国赛的成绩，专注于短时马拉松的训练，而忽略了长时马拉松训练。毕竟马拉松项目，不是一朝一夕可以练上来的。

2018年全国冠军的目标虽然已经达成，但终极目标却没有实现，我想自己应该要在2019年努力争取完成世界冠军的目标，不过人生的机会有时稍纵即逝，事实证明2018年世界赛是我离世界冠军最近的时刻。到了2019年，由于长期的训练，我已经对竞技记忆产生疲劳，无法再像以前一样亢奋地训练，有时候明显感觉自己虽然在训练，但是效率却不高。2019年马来西亚亚太记忆公开赛，虽然仅次于韦同学，拿到亚军，但是却发挥得一塌糊涂。2019年全国赛前期，我对训练充满了抵抗心理，但理智还是让自己继续训练了下去。我告诉自己，既然选择参赛，训练是唯一的选择。

2019年全国赛，竞争对手并不多，我在参赛前大概心里也知道如果不出现意外，应该可以蝉联全国冠军。又是三天的比赛，但我的印象却极其不清晰，除了快数发挥出500、听记300持平王峰的成绩以及抽图未能及时答题完毕与世界纪录擦肩而过之外，别的我几乎没有太深的印象，情绪也没有什么起伏。这是我第二次拿到全国冠军，朋友们没有像第一次一样纷纷热烈给我祝贺，我私下调皮地问了下原因，他们说，因为你已经拿过了，他们觉得不新鲜了。哈哈，也是，其实我自己内心也没有太大的感觉，甚至可能没有一周我的情绪就回归平静了。可能还有一个原因是，我虽然拿了全国冠军，但不代表我是全国第一，韦同学、张光迪都有很强的实力；而2018年的时候，我拿了全国冠军，大概就意味着我是全国第一吧。

2019年世界赛我的成绩并不好，甚至有些失常，不过内心也可以接受，确实是太疲惫了。我慢慢可以理解为什么我喜爱的乒乓球运动员到了职业生涯后期有种英雄末路的感觉，也理解了我心中象棋的不败神话许银川、围棋石佛李昌镐后期战绩也是平平。人都是会累的，对于一个已经取得过很多骄人战绩的选手，在已经疲劳的情况下，如果内心没有坚定的前进方向，那是真的无法坚持下去的，即便是坚持，也无法像曾经一样那么高效，这大概就是竞技的残酷吧。虽然我只是个小众领域的佼佼者，无法和乒乓球、象棋的世界冠军相提并论，但个中道理，大抵相似。

2020年已经来临，如果我还继续参赛的话，那时也许是另一种心境。